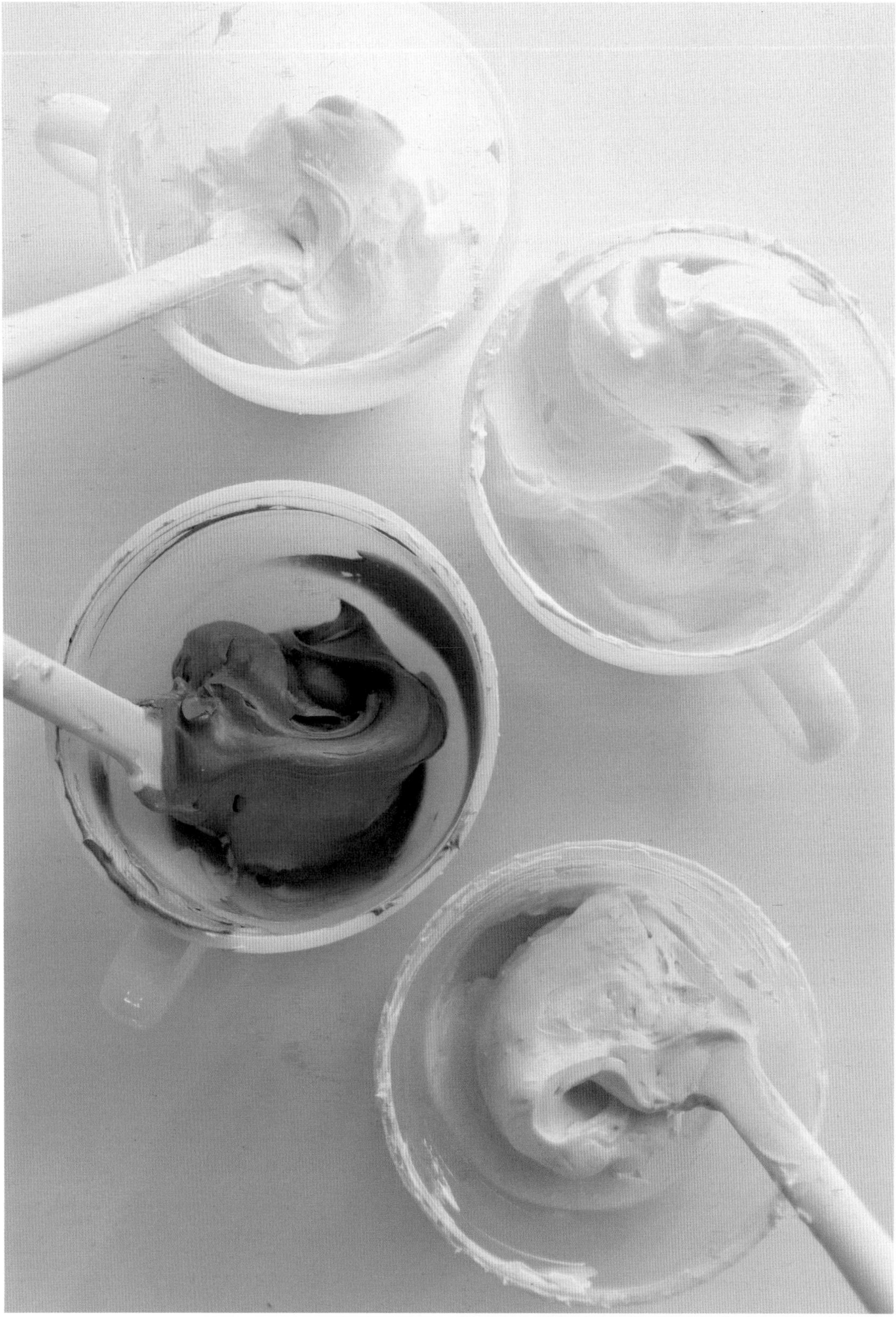

결혼과 동시에 그래픽디자이너로서의 삶을 정리하고 오로지 전업주부로만 살았던 30대 초반. 마음 한편에는 창의적이고 재미있는 일을 하고 싶은 꿈이 항상 남아 있었습니다.

어느 날 우연히 TV 프로그램에서 보았던 화려한 케이크는 제 가슴을 뛰게 했고, 속으로만 간직했던 꿈을 이루고 싶다는 생각이 들게 만들었습니다. 그길로 슈가크래프트 케이크의 세계로 빠져들며 강의를 시작하게 되었습니다.

지금 생각해 보니 케이크는 저에게 오래된 동경의 대상이었던 것 같습니다. 조금은 촌스럽게 기억되기도 하지만 가장자리가 화려한 프릴로 둘러싸인 버터크림 케이크가 생일상에 오르는 날엔 너무 설렜고, 케이크 위의 딱딱한 핑크 장미는 달달한 달고나 같았습니다. 자다가 눈곱 붙은 얼굴로 생일상 앞에 앉아서 반짝이는 눈으로 케이크를 보는 것이 가장 행복했습니다.

나만의 개성을 살릴 수 있는 케이크.
내가 좋아하는 그림과 모양을 표현할 수 있는 케이크.
사랑하는 사람에게 전하고 싶은 마음을 편지처럼 담을 수 있는 케이크.

이러한 생각들을 케이크에 녹여 담아내다 보니 자연스럽게 판매를 하게 되었고, 사람들의 관심을 받다 보니 다양한 케이크 만드는 노하우를 담은 수업을 시작하게 되었습니다. 디자인 케이크에 대해 정리하고, 샘플을 만들고, 수업을 진행하면서 많은 수강생을 만났습니다. 디자인 케이크는 기본적인 원리와 색감의 조화만 안다면 누구나 쉽게 만들 수 있다고 생각합니다. 기술적인 부분은 반복적인 학습을 통해 완성할 수 있는 것이므로 열정과 지구력만 있다면 디자인 케이크는 누구나 도전 가능합니다.

이 책은 지금까지의 제 다양한 경험을 케이크에 풀어내었다고 할 수 있습니다. 책 한 권에 대중적으로 쉽게 다가갈 수 있는 케이크, 테마별 쓰임에 맞춘 디자인 케이크, 특별한 날을 위한 스페셜 케이크 등을 모두 담았습니다. 따라 하는 걸 두려워하지 마세요. 손재주가 없다고 걱정하지 마세요. 책과 모양이 똑같지 않아도 괜찮습니다. 똑같지 않기에 세상에 하나밖에 없는 케이크가 될 수 있으니까요. 이 책을 통해 디자인 케이크에 대한 궁금증과 호기심이 해결되고, 두고두고 펼쳐볼 수 있는 책이 되길 바랍니다.

마지막으로 책이 나올 수 있게 도움 주신 축복이신 서은혜 선생님, 평안을 주는 선물 같은 남편 차성환씨, 감사와 사랑을 알게 해 준 나의 아들 동현이와 동규, 사랑하는 가족과 저의 모든 수강생분들, 제 인생의 한 페이지를 만들어 주신 시대인 출판사 분들께 진심으로 감사의 마음을 드립니다.

케이크 디자이너 **조유선**

contents

PART 2 ——————

디자인 케이크
레시피

cake recipe

PART 1

디자인 케이크 기초

도구 및 재료 소개

+ 베이킹 도구

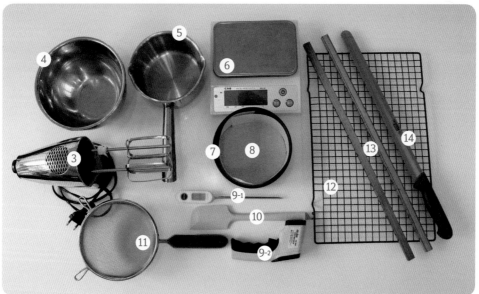

① 오븐

오븐에는 일반 가정용 미니오븐, 데크오븐, 컨벡션오븐 등이 있으며, 책에서는 지에라 멀티 컨벡션오븐을 사용했습니다.

가정용 미니오븐은 위아래에 있는 열선이 달궈지면서 온도가 올라가는 방식으로 비교적 가격이 저렴하여 베이킹 입문용으로 적합합니다. 하지만 열전도가 골고루 되지 않아 한 번에 한 단씩 사용해야 한다는 단점이 있습니다. **데크오븐**은 윗불과 아랫불의 온도를 각각 조절할 수 있으며 크기가 큰 편이라 주로 업장에서 사용합니다. 제품을 대량으로 생산할 수 있지만, 예열 시간이 오래 걸리며 전력 손실이 크기 때문에 가정에서 사용하기는 조금 힘듭니다. **컨벡션오븐**은 전기를 이용하여 열선이나 열풍으로 내부의 온도를 올리는 방식으로 비교적 열전도가 골고루 되는 편입니다. 팬이 돌아가는 방식이라 소음이 발생하고 단별로 온도 조절이 힘들지만, 예열 시간과 굽는 시간이 짧아 홈베이킹에 가장 적합한 오븐이라 할 수 있습니다.

② 반죽기(대용량 믹서)

집에서 소량의 베이킹을 할 때는 핸드믹서나 거품기로도 충분하지만 많은 양의 베이킹을 해야 하는 경우에는 반죽기를 사용하는 것이 좋습니다. 반죽기는 제품의 중량과 속도에 따라 양과 완성도에 약간의 차이가 있습니다. 여기서는 중소형 업장에서 사용하는 두 가지 반죽기를 비교해 보도록 하겠습니다.

	스탠드반죽기(키친에이드)	스파반죽기(sp-800)
무게	10.4kg	25kg
믹싱볼 용량	4.8L(5쿼터)	8L
장점	핸드믹서보다 조금 더 많은 양을 한 번에 만들 수 있습니다. 믹싱볼이 가벼워서 작업이 용이하며, 속도를 10단계로 조절할 수 있어 세밀한 작업을 할 때 유용합니다.	1~3단계(132rpm~421rpm)의 속도로 모터의 힘이 강하고 내구성이 좋은 편이라 제과/제빵 모두 안정적인 제품을 만들어 낸다는 장점이 있습니다. 전원 스위치가 전면에 있어 조작이 편리합니다.
제누와즈	1호 케이크 약 3개 제작 가능	1호 케이크 약 7개 제작 가능
버터크림	약 1,200g까지 제작 가능	약 2,000g까지 제작 가능

③ 핸드믹서

재료를 섞거나, 머랭을 만들거나, 크림을 휘핑할 때 사용하는 핸드믹서입니다. 베이킹을 더욱 편리하게 만들어 주는 도구로 3단계 이상으로 속도 조절이 가능한 제품을 선택하면 훨씬 유용하게 사용할 수 있습니다. 핸드믹서가 없다면 거품기를 사용해도 되지만, 거품기의 경우 일정한 결과를 낼 수 없어 완성품에 차이가 있으니 가급적 핸드믹서 사용을 권장합니다.

④ 믹싱볼(스테인리스 볼)

재료를 섞을 때 사용하는 믹싱볼입니다. 믹싱볼은 다양한 재질이 있는데 유리의 경우 너무 무겁고, 플라스틱의 경우 스크래치가 생기기 쉬우니 스테인리스 재질의 볼을 사용합니다. 제누와즈를 작업할 때는 넓고 얕은 볼보다는 좁고 깊은 볼을 사용하는 것이 좋습니다. 볼이 좁고 깊어야 고속으로 휘핑할 때 재료가 사방으로 튀지 않고 휘핑 또한 단시간에 작업할 수 있습니다.

⑤ 냄비

설탕과 물을 끓여 시럽을 만들 때 사용하는 냄비입니다. 시럽은 소량만 만들기 때문에 크기가 크지 않은 것을 선택하고, 손잡이가 한쪽에만 있는 편수 냄비를 사용하는 것이 좋습니다.

⑥ 계량저울

베이킹에서 가장 중요한 것은 레시피에 충실한 계량입니다. 단 1g의 차이가 완성품의 맛과 질감에 큰 영향을 미칠 수 있기 때문입니다. 계량저울을 선택할 때는 최소 계량 단위가 1g 단위인 것이 좋으며 3kg 이상까지 계량할 수 있어야 대량으로 작업 시 편리합니다. 정확한 측정을 위해서는 눈금저울보다 전자저울을 사용하는 것이 좋습니다.

⑦ 원형 케이크 틀

원형 제누와즈를 구울 때 사용하는 케이크 틀입니다. 크기와 높이가 다양하지만, 책에서는 지름 15cm, 높이 7cm의 높은 원형팬 1호를 주로 사용했습니다.

⑧ 유산지

제누와즈를 틀에서 깔끔하게 떼어낼 때 사용합니다. 베이킹 재료를 판매하는 사이트에서 원형 케이크 틀에 맞는 기성품 유산지를 구매하는 것이 가장 편리하지만, 틀에 맞게 직접 재단해서 사용해도 좋습니다. 재단할 때는 먼저 유산지 위에 틀을 올려 그대로 따라 그리면서 원형의 밑판을 만듭니다. 그다음 옆판의 가로는 원형 케이크 틀을 감싸는 너비로, 세로는 틀의 높이 + 여분(1~1.5cm)의 직사각형으로 재단해 준비합니다. 유산지 대신 식품용 노루지를 사용해도 좋습니다.

⑨ 온도계(적외선온도계/디지털온도계)

온도계는 반죽 또는 시럽의 온도를 측정하기 위해 주로 사용합니다. 베이킹 공정상 정확한 온도를 측정해야 하는 경우가 많으니 가급적 하나쯤은 구비해두는 것이 좋습니다. 종류로는 크게 적외선온도계와 디지털온도계가 있습니다. **적외선온도계**는 제품에 적외선을 쏴 표면 온도를 측정하고, **디지털온도계**는 반죽 또는 시럽에 직접 접촉해 내부 온도를 측정하는 것으로 적외선온도계보다 디지털온도계가 조금 더 정확하게 온도를 측정할 수 있습니다. 책에서는 제누와즈를 만들 때는 적외선온도계를, 시럽을 만들 때는 디지털온도계를 사용했습니다.

⑩ 고무주걱

재료를 간단하게 섞거나 반죽을 정리할 때 주로 사용합니다. 특히 볼의 벽면에 튄 반죽을 정리할 때 매우 유용하게 사용되는데, 가장자리가 두툼한 주걱보다 얇은 주걱이 볼의 벽면 정리에 좀 더 수월합니다. 고무주걱을 선택할 때는 열에 강하며 내구성이 있는 제품을 고르는 것이 좋습니다.

⑪ 체

가루 재료를 걸러 덩어리를 풀어주거나 불순물을 제거하는 역할을 하는 도구입니다. 가루 재료를 체에 거르면 가루 사이사이에 공기가 들어가서 재료들이 동일한 부피감을 갖게 되기 때문에 골고루 잘 섞입니다.

⑫ 식힘망

구운 제품을 식힐 때 사용합니다. 망으로 되어 있어 아랫면까지 한 번에 식힐 수 있습니다.

⑬ 각봉

제누와즈를 일정한 높이로 자를 때 사용합니다. 0.3cm, 0.5cm, 1cm, 1.5cm 중 원하는 높이를 선택하고, 제누와즈의 양옆에 각봉을 둔 다음 높이에 맞춰 자르면 됩니다.

⑭ 빵칼

빵을 자를 때 사용합니다. 책에서는 주로 제누와즈를 자를 때 사용하며, 절삭력이 좋고 길이가 긴 제품을 선택하는 것을 추천합니다.

① 케이크 돌림판

케이크에 아이싱할 때 사용하는 도구입니다. 플라스틱 재질의 돌림판보다 스테인리스 재질의 돌림판을 사용하면 무게감 때문에 흔들림이 적어 안정적인 아이싱이 가능합니다. 돌림판을 고를 때는 판에 케이크의 크기에 맞게 라인이 그어져 있는 것을 선택하는 것이 좋습니다. 라인이 그어져 있으면 크기가 다른 케이크를 만들 때 중심을 맞추며 작업할 수 있습니다.

② 깍지

크림을 케이크 위에 다양한 모양으로 짤 수 있도록 도와주는 도구입니다. 일반적으로 짤주머니와 함께 사용하며 크기와 모양이 다양하니 원하는 깍지를 선택해 사용하면 됩니다. 깍지를 사용하는 방법은 'chapter 6. 디자인 케이크 준비하기 : 깍지(P.44)'를 참고합니다.

③ 식용색소

다양한 색상의 크림을 만들 때 사용하며 책에서는 쉐프마스터 색소를 사용했습니다. 식용색소는 젤 타입과 액상 타입, 가루 타입으로 나뉩니다. 그중 이쑤시개로 덜어서 사용하는 윌튼 색소(국내 14가지 컬러만 허가받음)와 튜브형으로 한 방울씩 떨어뜨려 사용하는 쉐프마스터 색소를 많이 사용합니다. 젤 타입 또는 액상 타입의 색소는 천연색소에 비해 발색이 좋고 사용이 간편하다는 장점이 있습니다. 가루 타입의 모라색소와 천연

색소는 버터크림이나 치즈크림에 완전히 섞이지 않고 작은 점의 형태로 남아 있는 경우가 생길 수 있으며 발색력이 충분하지 못하다는 단점이 있습니다.

④ 조색볼
크림과 식용색소를 섞을 때 사용하는 볼입니다. 분량을 나눠 소량씩 섞는 경우가 많으니 크기는 크지 않아도 되며, 보다 안정적이고 빠르게 섞을 수 있도록 손잡이가 있는 조색볼을 선택하는 것이 좋습니다.

⑤ 커플러 & 짤주머니
커플러는 짤주머니와 깍지를 단단하게 연결할 때 사용합니다. 커플러의 크기에 맞춰 짤주머니의 끝을 자른 다음, 짤주머니 안쪽으로 커플러를 넣고 바깥쪽으로는 깍지를 연결해 사용하면 됩니다.
짤주머니는 크림을 담아 원하는 모양으로 짤 수 있도록 도와주는 도구입니다. 비닐로 된 짤주머니를 사용하면 세척의 번거로움이 없고 위생적으로 사용할 수 있다는 장점이 있으나, 환경오염의 문제와 간혹 비닐이 찢어질 수 있다는 단점이 있습니다. 책에서는 12인치 짤주머니를 사용했습니다.

⑥ 스크래퍼
케이크 옆면을 아이싱할 때 사용합니다. 케이크에 크림을 골고루 바른 다음 스크래퍼의 평평한 면을 케이크의 옆면에 고정한 뒤 돌림판을 돌리면 쉽고 깔끔하게 정리할 수 있습니다.

⑦ 미니 주걱(小과 주걱)
크림과 색소를 섞을 때 주로 사용하며, 조색볼 속의 크림을 깔끔하게 정리하거나 크림을 떠서 케이크 위에 올릴 때 사용합니다. 주걱의 끝부분이 살짝 구부러져 있어서 크림을 정리하거나 덜어낼 때 아주 유용합니다.

⑧ 스패츌러
스패츌러는 케이크에 크림을 올리거나 올린 크림을 평평하게 정리할 때 사용합니다. 다양한 길이가 있지만 4인치의 미니 스패츌러와 8인치 스패츌러 두 가지는 구비하는 것이 좋습니다. 먼저 **4인치 미니 스패츌러**는 아이싱을 짧게 끊어서 작업할 때나 케이크 위에 크림으로 그린 그림을 평평하게 밀어주는 작업[소녀의 사랑고백 케이크(p.112), 감성 가득 뒷모습 케이크(p.178)]를 할 때 사용합니다. 또한 미니 사이즈의 케이크를 만들 경우에도 아주 유용합니다. **8인치 스패츌러**는 일반적으로 많이 사용하는 길이로, 주로 케이크에 아이싱할 때 사용하고 케이크를 옮길 때[2단 공룡 케이크(p.130)]도 사용합니다.
스패츌러는 길이가 너무 짧으면 깔끔하게 마무리할 수 없고, 너무 길면 케이크의 크림을 정리할 때 여분의 날 때문에 휘청이는 느낌이 듭니다. 또한 뒷날을 밀착하여 작업할 경우, 그립감이 떨어질 수 있으니 케이크 크기에 맞는 스패츌러를 선택해 사용하도록 합니다.

① 설탕

설탕은 제누와즈를 만들 때 단맛을 내는 감미료의 역할과 더불어 시트에 수분감을 주는 보습의 역할을 합니다. 반죽에 설탕을 넣어 휘핑하면 거품이 안정적으로 만들어지는데, 이렇게 생성된 거품이 단단하면서도 촉촉한 시트를 만드는 데 도움을 줍니다.

② 버터

우유의 지방을 원심 분리하여 만든 것으로 가염버터와 무염버터가 있는데, 베이킹에는 무염버터를 사용합니다. 제누와즈를 만들 때는 무염버터 중에서도 풍미가 좋은 발효버터를 사용하면 좋고, 버터크림을 만들 때는 식용색소의 색상을 잘 표현할 수 있는 서울우유 무염버터 혹은 유크림 100%에 가까운 하얀색의 버터를 사용하는 것이 좋습니다.

③ 달걀

달걀은 특란을 기준으로 보통 50~60g 정도의 무게를 갖고 있습니다. 하지만 달걀마다 흰자와 노른자의 비율이 다르고, 달걀의 흰자와 노른자는 휘핑 정도가 다르니 달걀 전체의 양을 정확히 계량하여 준비하도록 합니다. 또한 차가운 달걀은 버터와 잘 섞이지 않으니 베이킹을 시작하기 전에 실온에 미리 꺼내 찬기를 제거해둡니다.

④ 박력분

밀가루는 단백질 함량에 따라 강력분, 중력분, 박력분으로 나뉘는데, 케이크를 만들 때는 단백질과 글루텐 함량이 가장 낮은 박력분을 사용합니다. 참고로 강력분은 쫄깃한 식감의 빵을 만들 때 사용하고, 중력분은 대부분의 밀가루 요리에 사용합니다.

⑤ 말차가루

말차 제누와즈를 만들 때 사용합니다. 말차 특유의 풍미와 진한 맛이 있어서 녹차가루보다 말차가루를 사용하는 것이 좋습니다. 또한 말차에는 클로렐라가 함유되어 있어 구웠을 때 초록의 구움색이 예쁘게 나타납니다.

⑥ 코코아가루

초코 제누와즈를 만들 때 사용합니다. 코코아가루는 초콜릿시트의 맛을 좌우하므로 무가당을 사용하는 것이 좋으며, 품질이 좋은 것을 사용해야 카카오의 풍미를 느낄 수 있습니다.

⑦ 우유

제누와즈에 수분감과 부드러운 식감을 더해주는 재료로 고소한 맛을 내기도 합니다. 우유에는 다양한 종류가 있으나 저지방, 무지방 우유가 아닌 유지방을 함유한 일반 우유를 사용하는 것이 제누와즈의 맛을 살리기에 좋습니다.

⑧ 바닐라빈 페이스트

바닐라빈 씨가 페이스트에 혼합되어 있는 제품으로 달걀의 비린내와 반죽의 잡내를 잡을 때 사용합니다. 버터크림을 만들 때 소량 넣으면 고소한 맛의 바닐라 향을 더할 수 있습니다. 바닐라빈 페이스트 대신 바닐라 익스트랙을 넣어도 좋습니다.

⑨ 크림치즈

크림치즈는 일반 치즈보다 부드러우면서 고소한 맛과 약간의 신맛이 나는 치즈로 책에서는 필라델피아 크림치즈를 사용했습니다. 필라델피아 크림치즈는 적당한 신맛과 우유 향이 있으며, 구조력이 좋고 무르지 않은 편이라 케이크 아이싱용으로 사용하기 좋습니다.

chapter 2

제누와즈 만들기

[플레인시트]

오븐 170℃, 30~35분

재료 달걀 175g, 설탕 95g, 박력분 95g,
무염버터 20g, 우유 15g

[말차시트]

오븐 170℃, 25~30분

재료 달걀 160g, 설탕 100g, 박력분 92g,
말차가루 6g, 무염버터 17g, 우유 20g

[초콜릿시트]

오븐 170℃, 28~32분

재료 달걀 170g, 설탕 96g, 박력분 60g,
코코아가루 14g, 무염버터 17g, 우유 20g

미리 준비하기

• 가루재료는 2~3번 정도 체에 내려 준비합니다.

• 달걀은 실온 상태로 준비합니다.

• 1호 원형 케이크 틀에 유산지를 넣어둡니다.

• 무염버터는 녹인 다음 우유와 섞어 따뜻하게 준비합니다.

• 오븐은 180℃로 예열해두었다가 제품을 넣기 전 170℃로 내립니다(오븐 사양에 따라 온도와 시간에 차이가 있을 수 있습니다).

01

실온의 달걀을 볼에 넣고 휘핑기를 1단으로 맞춰 가볍게 휘핑합니다.

TIP 휘핑기가 없다면 손거품기를 사용해도 좋아요. 달걀에 멍울이 없고 살짝 거품이 생기는 정도로 휘핑해주세요.

02

가볍게 휘핑한 달걀에 설탕을 한 번에 넣고 살짝 섞습니다.

03

볼을 뜨거운 물이 담긴 중탕볼 위에 올려 36~39℃가 될 때까지 저속으로 휘핑합니다.

TIP 중탕으로 달걀 온도를 올린 후 휘핑하면 기포가 잘 생겨 훨씬 볼륨감 있는 반죽이 만들어져요. 또한 작업 시간도 단축할 수 있어요.

04

반죽이 정해진 온도가 되면 중탕볼에서 내려 고속으로 휘핑합니다. 휘퍼 주변부로 물결 문양이 만들어지고, 휘퍼를 들어올렸을 때 떨어진 반죽이 계단 모양으로 쌓이면 1단으로 낮춰 약 1분간 휘핑하여 기포를 정리합니다.

TIP 휘퍼를 들어올렸을 때 쌓이는 반죽이 약 3초 정도 사라지지 않고 그대로 유지될 때까지 휘핑해요.

05

반죽에 미리 체에 내린 박력분을 흩뿌리듯이 넣습
니다.

06

고무주걱으로 반죽을 아래에서 위로 퍼 올리듯 섞습
니다. 동시에 볼을 조금씩 돌려가면서 주걱날로 볼의
옆면을 긁으며 'U'자를 그리듯 골고루 섞습니다. 이때
최대한 거품이 꺼지지 않도록 빠르게 저어줍니다.

07

반죽에 날가루가 보이지 않으면 미리 따뜻하게 데워
둔 무염버터와 우유를 준비합니다.

🄣🄘🄟 무염버터와 우유의 온도는 약 60℃ 정도로 유지해주세요.

08

따뜻하게 녹인 무염버터와 우유에 07번 반죽을 한
주걱 정도 덜어 넣고 잘 섞습니다.

09

섞은 반죽을 주걱으로 받치면서 본 반죽에 넣습니다.

(TIP) 반죽 위에 바로 부으면 거품이 쉽게 꺼질 수 있으니 조심스럽게 넣어주세요.

10

06번 과정을 참고해 반죽을 재빨리 섞습니다.

(TIP) 뜨거운 유지류가 들어간 후라 반죽이 급격하게 꺼져요. 그러니 주걱질을 더 빠르게 하여 최대한 거품을 살려야 부피감 있는 제누와즈를 만들 수 있어요.

11

유산지를 깐 원형 케이크 틀에 반죽을 붓습니다. 20cm 정도 위에서 반죽을 떨어뜨리고, 바닥에 두어 번 정도 탕탕 내리쳐 반죽 속 기포를 제거합니다.

12

180℃로 예열한 오븐을 170℃로 낮추고 반죽을 넣어 30~35분간 구우면 완성입니다.

(TIP) 오븐에서 꺼낸 제누와즈는 바닥에 내리쳐 열기를 빼내고 틀에서 분리해요. 그다음 식힘망에 뒤집어 올린 뒤 완전히 식혀서 준비해요.

01

실온의 달걀을 볼에 넣고 휘핑기를 1단으로 맞춰 가볍게 휘핑합니다.

TIP 휘핑기가 없다면 손거품기를 사용해도 좋아요. 달걀에 멍울이 없고 살짝 거품이 생기는 정도로 휘핑해주세요.

02

가볍게 휘핑한 달걀에 설탕을 한 번에 넣고 살짝 섞습니다.

03

볼을 뜨거운 물이 담긴 중탕볼 위에 올려 36~39℃가 될 때까지 저속으로 휘핑합니다.

TIP 중탕으로 달걀 온도를 서서히 올린 후 휘핑하면 기포가 잘 생겨 훨씬 볼륨감 있는 반죽이 만들어져요. 또한 작업 시간도 단축할 수 있어요.

04

반죽이 정해진 온도가 되면 중탕볼에서 내려 고속으로 휘핑합니다. 휘퍼 주변부로 물결 문양이 만들어지고, 휘퍼를 들어올렸을 때 떨어진 반죽이 계단 모양으로 쌓이면 1단으로 낮춰 약 1분간 휘핑하여 기포를 정리합니다.

TIP 휘퍼를 들어올렸을 때 쌓이는 반죽이 약 5초 정도 사라지지 않고 그대로 유지될 때까지 휘핑해요.

05

반죽에 미리 체에 내린 박력분과 말차가루를 흩뿌리
듯이 넣습니다.

06

고무주걱으로 반죽을 아래에서 위로 퍼 올리듯 섞습
니다. 동시에 볼을 조금씩 돌려가면서 주걱날로 볼의
옆면을 긁으며 'U'자를 그리듯 골고루 섞습니다. 이때
최대한 거품이 꺼지지 않도록 빠르게 저어줍니다.

07

미리 따뜻하게 녹인 무염버터와 우유에 06번 반죽을
한 주걱 정도 덜어 넣고 잘 섞은 다음, 주걱으로 받치
면서 본 반죽에 넣습니다.

08

06번 과정을 참고해 반죽을 재빨리 섞습니다.

TIP 뜨거운 유지류가 들어간 후라 반죽이 급격하게 꺼져요. 그러
니 주걱질을 더 빠르게 하여 최대한 거품을 살려야 부피감 있
는 제누와즈를 만들 수 있어요.

09

유산지를 깐 원형 케이크 틀에 반죽을 붓습니다.
20cm 정도 위에서 반죽을 떨어뜨리고, 바닥에 두어
번 정도 탕탕 내리쳐 반죽 속 기포를 제거합니다.

10

180℃로 예열한 오븐을 170℃로 낮추고 반죽을 넣어
25~30분간 구우면 완성입니다.

TIP 오븐에서 꺼낸 제누와즈는 바닥에 내리쳐 열기를 빼내고 틀
에서 분리해요. 그다음 식힘망에 뒤집어 올린 뒤 완전히 식혀
서 준비해요.

+ **초콜릿시트**

01

실온의 달걀을 볼에 넣고 휘핑기를 1단으로 맞춰 가
볍게 휘핑합니다.

TIP 휘핑기가 없다면 손거품기를 사용해도 좋아요. 달걀에 멍울이
없고 살짝 거품이 생기는 정도로 휘핑해주세요.

02

가볍게 휘핑한 달걀에 설탕을 한 번에 넣고 살짝 섞습
니다.

03

볼을 뜨거운 물이 담긴 중탕볼 위에 올려 36~39℃가 될 때까지 저속으로 휘핑합니다.

TIP 중탕으로 달걀 온도를 올린 후 휘핑하면 기포가 잘 생겨 훨씬 볼륨감 있는 반죽이 만들어져요. 또한 작업 시간도 단축할 수 있어요.

04

반죽이 정해진 온도가 되면 중탕볼에서 내려 고속으로 휘핑합니다. 휘퍼 주변부로 물결 문양이 만들어지고, 휘퍼를 들어올렸을 때 떨어진 반죽이 계단 모양으로 쌓이면 1단으로 낮춰 약 1분간 휘핑하여 기포를 정리합니다.

TIP 휘퍼를 들어올렸을 때 쌓이는 반죽이 약 5초 정도 사라지지 않고 그대로 유지될 때까지 휘핑해요.

05

반죽에 미리 체에 내린 박력분과 코코아가루를 흩뿌리듯이 넣습니다.

06

고무주걱으로 반죽을 아래에서 위로 퍼 올리듯 섞습니다. 동시에 볼을 조금씩 돌려가면서 주걱날로 볼의 옆면을 긁으며 'U'자를 그리듯 골고루 섞습니다. 이때 최대한 거품이 꺼지지 않도록 빠르게 저어줍니다.

07

미리 따뜻하게 녹인 무염버터와 우유에 06번 반죽을 한 주걱 정도 덜어 넣고 잘 섞은 다음, 주걱으로 받치면서 본 반죽에 넣습니다.

08

06번 과정을 참고해 반죽을 재빨리 섞습니다.

TIP 뜨거운 유지류가 들어간 후라 반죽이 급격하게 꺼져요. 그러니 주걱질을 더 빠르게 하여 최대한 거품을 살려야 부피감 있는 제누와즈를 만들 수 있어요.

09

유산지를 깐 원형 케이크 틀에 반죽을 붓습니다. 20cm 정도 위에서 반죽을 떨어뜨리고, 바닥에 두어 번 정도 탕탕 내리쳐 반죽 속 기포를 제거합니다.

10

180℃로 예열한 오븐을 170℃로 낮추고 반죽을 넣어 28~32분간 구우면 완성입니다.

TIP 오븐에서 꺼낸 제누와즈는 바닥에 내리쳐 열기를 빼내고 틀에서 분리해요. 그다음 식힘망에 뒤집어 올린 뒤 완전히 식혀서 준비해요.

chapter 3

슈가크래프트 반죽 만들기

+ 슈가크래프트

재료

물 12g, 젤라틴가루 4g, 물엿 35g, 슈가파우더 220g, cmc가루 4g, 달걀흰자 18g, 레몬즙 소량

미리 준비하기

- 슈가파우더는 실온 상태로 준비합니다.
- 달걀은 흰자만 따로 분리하여 실온 상태로 준비하고, 이물질이 섞이지 않도록 합니다.

HOW TO MAKE

01

중탕볼에 물과 젤라틴가루를 넣고 15분 정도 그대로 두어 젤라틴가루를 불립니다.

02

분량 외의 물을 받은 냄비에 중탕볼을 올려서 젤라틴 가루가 모두 녹아 액체가 될 때까지 천천히 가열하여 중탕합니다. 이때 주걱으로 젓지 말고 그대로 두어 녹입니다.

03

젤라틴가루가 완전히 녹으면 물엿을 넣습니다. 물엿을 넣으면 처음에는 걸쭉하지만 계속 중탕하면 묽은 액체 상태가 됩니다. 그때 불에서 내립니다.

TIP 물엿이 잘 섞일 수 있도록 주걱으로 저으며 중탕해주세요.

04

믹싱볼에 슈가파우더와 cmc가루를 넣고 **03**번 과정의 액체를 붓습니다.

TIP cmc가루는 슈가크래프트에서 꼭 필요한 재료로 액체의 점도를 높이는 유화안정제예요. 접착력이 좋아서 슈가 장식을 붙일 수 있고, 무른 반죽에 넣으면 반죽에 점성이 생겨서 장식용 모형을 만들 수도 있어요.

05

핸드믹서를 1단으로 놓고 휘핑합니다. 이때 슈가파우더가 심하게 날릴 수 있으니 핸드믹서의 움직임을 최소화하여 조금씩 섞습니다.

06

반죽이 뭉치기 시작하면 실온의 달걀흰자를 넣습니다.

07

처음에는 저속으로 휘핑하다가 가루가 날리지 않으면 고속으로 휘핑합니다.

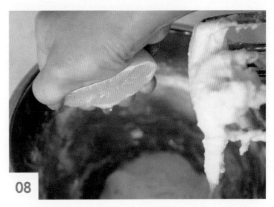

08

레몬즙을 넣고 섞습니다. 레몬즙은 달걀흰자의 비릿함을 잡아주고, 슈가크래프트 반죽의 색상을 더욱 하얗게 만들어 주는 역할을 합니다.

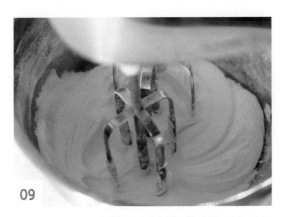

09

고속으로 조금 더 휘핑하여 반죽을 매끈하게 만듭니다.

TIP 주변 환경의 습도에 따라 반죽의 상태가 달라질 수 있어요. 완성된 반죽이 무르다면 슈가파우더를 조금 더 첨가하여 휘핑하고, 반죽이 단단해서 휘핑이 힘들 정도라면 레몬즙이나 달걀흰자를 추가해서 휘핑하세요.

10

휘핑이 끝난 반죽은 랩으로 감싸 공기를 차단하고 납작하게 만듭니다. 그 상태로 24시간 정도 실온에서 숙성하면 완성입니다.

TIP 완성한 슈가크래프트 반죽은 냉장으로 2주, 냉동으로 1달 정도 보관할 수 있어요.

chapter 4

크림 만들기

+ 이탈리안 버터크림

재료

백설탕 180g, 물 60g, 달걀흰자 140g,
서울우유 무염버터 450g, 바닐라 익스트랙 약간

미리 준비하기

- 달걀은 흰자만 따로 분리하여 이물질이 섞이지 않게 준비한 후, 믹싱볼에 담아둡니다.
- 서울우유 무염버터(또는 유크림 100% 화이트버터)는 작은 사이즈로 잘라 실온 상태로 준비합니다.

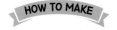

01

백설탕을 냄비에 넣고 설탕이 튀지 않게 물을 살살 붓습니다.

02

냄비 바깥쪽으로 불꽃이 올라오지 않도록 중·약불로 설탕을 녹여 시럽을 만듭니다. 시럽은 118℃가 될 때까지 끓입니다.

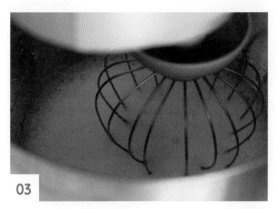

03

시럽이 냄비의 중심부까지 큰 거품을 만들며 끓으면 믹싱볼에 달걀흰자를 넣어 머랭을 만듭니다. 머랭은 휘퍼를 들어올렸을 때 흐르지 않고 끝부분이 부리처럼 뾰족하게 휘는 정도까지 휘핑하면 됩니다.

04

02번에서 118℃까지 끓인 시럽을 머랭의 가장자리에 졸졸 부으며 섞습니다. 시럽을 다 붓고 나면 고속으로 올려 휘핑합니다.

TIP 시럽을 머랭 위에 바로 부으면 열기 때문에 머랭이 금방 꺼져 버려요. 그러니 가장자리에 부어 볼의 벽면을 타고 흘러내리 도록 해주세요.

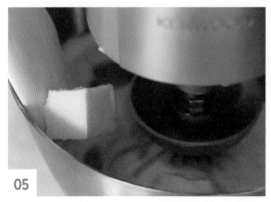

05

계속 휘핑하다가 볼이 미지근하게 식으면 속도를 줄이고, 실온의 말랑한 무염버터를 한 덩이씩 넣으며 섞습니다.

06

버터를 다 넣으면 크림 상태가 될 때까지 고속으로 휘핑합니다. 버터 덩어리가 안 보일 때까지 충분히 섞고 바닐라 익스트랙을 넣어 저속으로 마무리하면 완성입니다.

+ 크림치즈 크림

재료

서울우유 무염버터 200g, 필라델피아 크림치즈 220g, 슈가파우더 50g

미리 준비하기

• 서울우유 무염버터(또는 유크림 100% 화이트 버터)와 필라델피아 크림치즈는 미리 실온에 꺼내두어 찬 기운을 없애 준비합니다.

HOW TO MAKE

01

볼에 실온의 무염버터를 넣고 핸드믹서로 섞습니다. 처음에는 1단으로 시작하다가 점점 속도를 올려 마지막에는 고속으로 부드럽게 풀어줍니다.

02

다른 볼에 실온의 크림치즈를 넣고 고무주걱으로 누르면서 부드럽게 풀어줍니다.

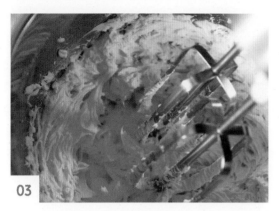

03

부드럽게 풀어진 크림치즈를 핸드믹서로 섞습니다.
처음에는 1단으로 시작하다가 점점 속도를 올려 마지
막에는 고속으로 부드럽게 풀어줍니다.

04

01번 과정에서 부드럽게 풀어둔 무염버터에 슈가파
우더를 체에 내려 넣고 골고루 섞습니다.

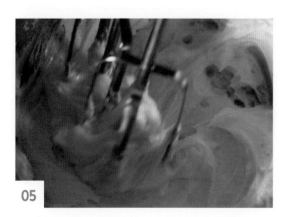

05

슈가파우더와 무염버터가 골고루 섞이면 03번 과정
의 크림치즈를 넣어 섞습니다. 처음에는 핸드믹서의
1단으로 시작하다가 서로 섞이기 시작하면 고속으로
올려 밀도 있게 섞습니다. 완전히 섞이면 다시 1단으
로 내려 기포를 정리하면 완성입니다.

케이크 아이싱하기

+ 애벌아이싱

재료

제누와즈 1개, 시럽 적당량, 버터크림 240g

미리 준비하기

- 제누와즈는 완전히 식힌 상태로 준비합니다.
- 시럽은 냄비에 설탕과 물을 1 : 2 비율로 넣어 끓인 뒤, 식혀서 준비합니다.
- 버터크림은 기호에 따라 이탈리안 버터크림 대신 크림치즈 크림을 사용해도 좋습니다.

HOW TO MAKE

01

완전히 식힌 제누와즈의 양옆에 1.5cm의 각봉을 두고 빵칼을 이용해 슬라이스합니다.

02

같은 방법으로 총 3장의 시트를 만듭니다. 이때 빵칼의 움직임을 길게 하고, 제누와즈를 잡은 손에 힘을 뺀 상태로 잘라야 일정한 높이의 시트를 만들 수 있습니다.

(TIP) 제누와즈를 잡을 때는 위치를 고정한다고 생각하면서 살짝만 잡아요. 절대 힘주어 누르지 마세요.

03

돌림판 위에 케이크 하판을 올립니다. 그다음 **02**번 과정에서 슬라이스한 시트 한 장을 올리고 그 위에 시럽을 듬뿍 바릅니다.

TIP 본래 돌림판 위에 바로 시트를 올려서 작업하지만, 그러면 아이싱을 마친 케이크를 하판으로 옮기는 과정에서 실수가 생길 수 있어요. 실수가 불안하다면 처음부터 하판 위에서 작업하는 것도 한 방법이에요.

04

시럽을 바른 시트 위에 버터크림을 약 60g 정도 올린 다음, 한 손으로는 돌림판을 돌리고 다른 한 손으로는 크림을 펼칩니다. 스패츌러의 끝을 케이크 중심에 두고 양쪽 날을 이용해 크림을 당기고 밀면서 균일하게 펼칩니다.

05

크림이 어느 정도 균일하게 펴지면 스패츌러의 끝을 케이크 중심에 두고 뒷날이 크림에 닿도록 각을 조금 연 상태에서 돌림판을 돌려 윗면을 매끈하게 정리합니다.

06

시트 옆면으로 튀어나온 크림은 스패츌러를 세워서 정리합니다.

07

두 번째 시트를 올리고, 03번~06번 과정을 반복합니다.

08

마지막 시트를 올리고 시럽을 듬뿍 바릅니다.

09

남은 버터크림을 모두 올리고 04번~05번 과정을 참고해 윗면을 정리합니다.

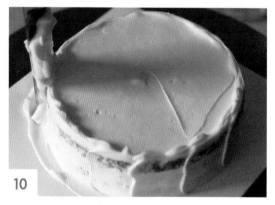

10

시트의 옆면은 09번 과정에서 윗면을 정리하고 옆으로 튀어나온 크림을 사용해 바릅니다. 스패츌러를 수직으로 세우고, 돌림판을 돌리며 앞뒤로 움직이면 됩니다.

(TIP) 09번 과정에서 크림을 많이 올렸기 때문에 옆으로 튀어나온 크림의 양도 많아요. 그 크림을 사용해 옆면 전체를 아이싱하면 돼요.

11

12

스패츌러의 뒷날을 케이크 옆면에 밀착한 다음 살짝 각을 열고 돌림판을 돌려 옆면의 크림을 균일하게 정리합니다. 케이크 위쪽으로 올라온 크림은 스패츌러 뒷날을 이용해 바깥에서 안쪽으로 긁으면서 깎아냅니다.

TIP 앞으로 편의상 옆면 정리 후 케이크 위쪽으로 올라온 크림은 '케이크 산'이라고 표현하고, 스패츌러로 크림을 덜어내는 것을 '산을 깎는다'라고 표현할게요.

스패츌러 날을 케이크 하판에 밀착하고 돌림판을 돌려 바닥의 크림을 깔끔하게 정리하면 완성입니다.

TIP 애벌아이싱은 케이크에 본 아이싱을 할 때 크림에 시트 부스러기가 섞여 지저분해지거나 울퉁불퉁해지지 않도록 하기 위한 기초 작업이에요. 그러니 시트가 안 보일 정도로 완벽하게 할 필요는 없어요.

+ 원형아이싱

재료

애벌아이싱한 케이크 1개, 아이싱용 크림 230g

미리 준비하기

- 아이싱용 크림은 가이드를 참고해 미리 준비해둡니다. 책에서는 이탈리안 버터크림을 사용했지만 기호에 따라 크림치즈 크림으로 대체해도 좋습니다.

HOW TO MAKE

01

02

애벌아이싱한 케이크 위에 아이싱용 크림을 약 190g 정도 올린 다음, 한 손으로는 돌림판을 돌리고 다른 한 손으로는 크림을 펼칩니다. 스패츌러의 끝을 케이크 중심에 두고 양쪽 날을 이용해 크림을 당기고 밀면서 균일하게 펼칩니다.

옆으로 튀어나온 크림은 스패츌러를 수직으로 세워서 양쪽 날을 사용해 옆면을 아이싱합니다.

TIP 이때 옆면을 전부 아이싱하기에는 크림이 모자랄 거예요. 일단 옆면의 위쪽을 먼저 아이싱한다고 생각하면서 작업해요.

03

스패츌러로 크림을 더 떠서 케이크 아래쪽의 부족한 부분을 채웁니다.

04

스패츌러를 돌림판 바닥과 수직이 되도록 세우고 뒷 날이 크림에 살짝 닿도록 각도를 열어준 뒤, 돌림판 을 돌려 옆면의 튀어나온 크림을 정리합니다.

05

바닥을 정리합니다. 스패츌러 날을 돌림판에 최대한 밀착시키되, 케이크에 닿는 부분은 최소한으로 하여 돌림판을 돌립니다. 이렇게 하면 돌림판에 남은 크림 을 깔끔하게 정리할 수 있습니다.

06

스크래퍼의 평평한 부분을 케이크 옆면에 밀착한 상 태로 돌림판을 돌려 옆면을 정리합니다. 이때 케이크 의 옆면이 깔끔한지, 한쪽으로 기울어지지는 않았는 지를 확인하면서 돌림판을 천천히 돌립니다.

07

케이크 위로 올라온 산을 깎아냅니다. 케이크의 1시 방향에 정리할 산을 위치해두고 스패츌러의 각을 조금 열어 케이크의 바깥에서 중심으로 크림을 긁으면서 깎아냅니다.

08

가장자리의 모든 산을 정리한 다음, 스패츌러의 손잡이 끝을 잡고 케이크의 윗면을 다시 한 번 깔끔하게 정리합니다.

09

마지막으로 바닥을 한 번 더 정리합니다. 스패츌러 날을 돌림판에 최대한 밀착하되, 날의 앞부분이 케이크에 닿지 않도록 하여 돌림판을 돌리면서 정리하면 완성입니다.

+ 하트아이싱

재료
애벌아이싱한 하트 케이크 1개,
아이싱용 크림 280g

미리 준비하기
• 아이싱용 크림은 가이드를 참고해 미리 준비해둡니다. 책에서는 이탈리안 버터크림을 사용했지만 기호에 따라 크림치즈 크림으로 대체해도 좋습니다.

HOW TO MAKE

01 애벌아이싱한 하트 케이크 위에 아이싱용 크림을 약 190g 정도 올리고, 스패츌러 날의 각도를 조금씩 열면서 크림을 밀고 당겨 펼칩니다. 이때 크림을 V자 모양으로 만들면서 펼쳐줍니다.

02 스패츌러의 끝을 케이크 중심에 두고 날은 크림에 붙인 상태에서 각을 조금씩 열고 닫으면서 양쪽으로 움직입니다. 이 상태로 돌림판을 돌려 크림의 두께를 균일하게 펼칩니다.

03

크림이 어느 정도 균일하게 펴지면 스패츌러의 각을 연 상태로 돌림판을 돌려 윗면을 매끈하게 정리합니다.

04

하트의 위쪽, 움푹 파인 부분에 스패츌러의 뒷날을 붙여 튀어나온 크림을 정리하면서 옆면에 바릅니다.

05

하트의 곡선을 따라 스패츌러 날로 옆면의 크림을 정리하면서 바릅니다. 크림이 부족한 부분은 크림을 더 추가하며 바릅니다.

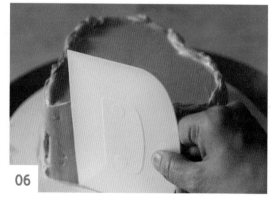

06

스크래퍼의 평평한 부분을 케이크 옆면에 밀착한 상태로, 하트의 뾰족한 부분부터 크림을 끌고 오면서 정리합니다.

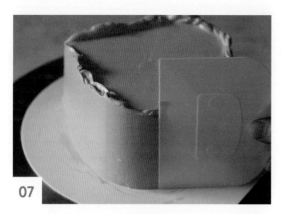

07

하트의 가장 볼록한 부분을 지날 때는 곡선을 따라가지 말고 스크래퍼를 그대로 뺍니다.

TIP 하트의 볼록한 부분을 지날 때는 스크래퍼의 각을 최소로 줄여서 크림이 많이 깎이지 않도록 해요.

08

스크래퍼의 위치를 바꿔. 이번에는 움푹하게 파인 부분에 스크래퍼 날을 대고 **07**번 과정에서 제대로 정리하지 못한 볼록한 부분까지 크림을 끌고 와서 정리합니다. **06**번~**08**번 과정을 참고해 반대쪽 하트도 정리합니다.

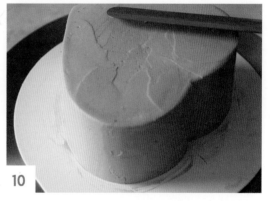

09

케이크 위로 올라온 산을 깎아냅니다. 케이크의 1시 방향에 하트의 뾰족한 부분을 위치해두고 스패츌러의 각을 조금 열어 케이크의 바깥에서 중심으로 크림을 긁으면서 깎아냅니다. 같은 방법으로 가장자리의 산을 모두 정리합니다.

10

마지막으로 스패츌러의 손잡이 끝을 잡고 케이크의 윗면을 다시 한 번 깔끔하게 정리한 다음 바닥까지 정리하면 완성입니다.

안심Touch

chapter 6

디자인 케이크 준비하기

+ 식용색소 조색

1. 기본 원색 컬러 크림

쉐프마스터 색소를 사용해 조색표를 만들었습니다. 크림의 조색은 색소를 얼마나 넣느냐에 따라 크림 컬러가 달라지므로 먼저 색소가 가진 본연의 색을 소개합니다.

2. 파스텔톤 컬러 크림

기본 원색 컬러 크림에 화이트 크림을 섞으면 파스텔톤 컬러 크림을 만들 수 있습니다. 또한 두 가지의 컬러를 섞은 다음 화이트 컬러를 섞으면 더욱 다양한 컬러 크림이 만들어집니다. 파스텔톤 컬러 크림은 화이트를 섞는 양에 따라 색상의 밝기가 달라지니 처음에는 책 표기를 기초로 화이트를 가감하고, 나중에는 다양하게 응용하여 원하는 컬러를 만들어봅니다.

① 연퍼플 [스카이블루 : 로즈핑크 : 화이트 = 1 : 1 : 15]

② 연골든옐로 [네온브라이트옐로 : 선셋오렌지 : 화이트 = 1 : 1 : 16]

③ 연틸그린 [틸그린 : 화이트 = 1 : 30]

④ 연그린 [스카이블루 : 네온브라이트옐로 : 화이트 = 1 : 3 : 20]

⑤ 연아이보리 [버크아이브라운 : 네온브라이트옐로 : 화이트 = 1 : 2 : 25]

⑥ 연스카이블루 [스카이블루 : 화이트 = 1 : 25]

⑦ 연네온브라이트옐로 [네온브라이트옐로 : 화이트 = 1 : 25]

⑧ 연레드레드 [레드레드 : 화이트 = 1 : 14]

⑨ 연선셋오렌지 [선셋오렌지 : 화이트 = 1 : 22]

⑩ 연리프그린 [스카이블루 : 리프그린 : 화이트 = 2 : 1 : 25]

+ 깍지

깍지는 케이크를 쉽게 장식하는 방법 중 하나로 종류가 매우 다양합니다. 간단한 라인을 그리는 원형에서부터 별 모양, 꽃 모양, 물방울 모양 등 다양한 모양이 있고 크기도 여러 개가 있습니다.

다양한 모양의 깍지와 크림이 만나면 깍지가 가진 고유한 모양이 그대로 표현되기도 하고, 또는 생각지도 못한 창의적인 모양이 만들어지기도 합니다. 같은 모양의 깍지라도 어디서 힘을 주고 어디서 힘을 빼느냐, 어떤 방향에서 어떤 모양으로 짜느냐에 따라 전혀 다른 모양을 만들 수 있습니다. 깍지를 짜는 기초적인 방법만 터득하면 다양한 깍지를 무한대로 응용하여 사용할 수 있으니 하나씩 따라 하면서 기본을 충실히 익히도록 합니다.

▶ 깍지로 크림 짜는 방법

다양한 깍지를 사용해 크림 짜는 방법을 소개하도록 하겠습니다. 첫 번째로는 깍지의 끝을 바닥에서 10~30도 정도 기울인 상태로 크림을 왼쪽에서 오른쪽 방향으로 연속해서 짜는 방법이고, 두 번째는 깍지의 끝이 바닥과 수직을 이룬 상태에서 살짝 공중으로 띄운 다음 크림이 나오는 모양을 보면서 짜는 방법입니다.

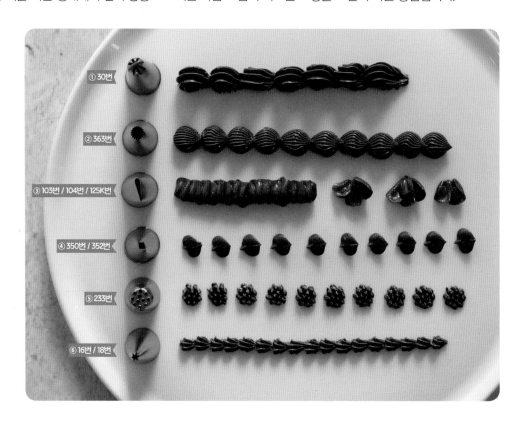

① 30번

바닥과의 각도는 30도, 바닥과의 거리는 1cm 위로 띄운 상태에서 준비합니다. 손에 힘을 주어 크림의 형태가 동그랗게 나오면 살짝 반원을 그리듯 깍지를 더 들어줍니다. 둥근 머리를 만들 듯 살짝 들었다가 내리면서 힘을 빼 깍지의 끝이 바닥에 닿게 합니다. 같은 방법으로 연달아 모양을 만듭니다.

② 363번

바닥과의 각도는 30도, 바닥과의 거리는 1cm 위로 띄운 상태에서 준비합니다. 손에 힘을 주어 크림의 형태가 동그랗게 나오면 힘을 빼고 깍지를 뗍니다. 이때 손에 순간적으로 힘을 주어야 크림이 동그란 형태로 일정하게 나옵니다.

③ 103번 /104번 /125K번

길쭉한 물방울 모양의 깍지로 한쪽은 넓고, 다른 쪽은 좁아서 어느 쪽을 어느 방향으로 짜느냐에 따라 다양한 느낌을 줄 수 있습니다. 주로 케이크에 프릴이나 꽃잎을 만들 때 사용합니다. **프릴을 만들 때**는 케이크 옆면에 깍지의 넓은 부분은 밀착하듯 붙이고 좁은 부분은 원하는 각도만큼 옆면과 떨어뜨린 다음, 손목을 살짝 움직이면서 흔들듯이 크림을 짜면 됩니다. **꽃잎을 만들 때**는 깍지의 좁은 부분이 꽃잎의 가장자리가 되도록 넓은 쪽을 중심으로 반원을 그리듯 손목을 움직여 크림을 짭니다. 꽃잎의 끝부분이 조금씩 겹치도록 연속해서 짜고, 그 위를 같은 방법으로 겹쳐 짜면서 전체적으로 돔 형태의 꽃 모양이 되도록 만들면 됩니다.

④ 350번 / 352번

바닥과의 각도는 70도로 기울이고, 깍지의 끝을 바닥에 찍듯 힘을 주어 크림을 짭니다. 크림이 나오면 바로 손에 힘을 빼고 옆으로 당기듯 짤주머니를 뺍니다.

⑤ 233번

바닥과의 각도는 90도, 바닥과 거리는 1cm 위로 띄운 상태에서 준비합니다. 손에 힘을 주어 원하는 만큼의 크림이 나오면 힘을 빼고 짤주머니를 위로 들어올립니다. 주로 잔디 모양을 표현할 때 많이 쓰입니다.

⑥ 16번 / 18번

바닥과의 각도는 20도, 바닥과의 거리는 1cm 위로 띄운 상태에서 준비합니다. 손에 힘을 주어 크림의 형태가 동그랗게 나오면 힘을 빼고 옆으로 당기듯이 짤주머니를 뺍니다. 같은 동작을 연속해서 하면 됩니다.

⑦ 242번

바닥과의 각도는 90도, 바닥과의 거리는 0.5cm 위로 띄운 상태에서 준비합니다. 손에 힘을 주어 크림이 나오면 수직으로 천천히 들어올립니다. 적당한 길이가 되면 손에 힘을 빼고 아래로 살짝 눌러 크림이 나오지 않도록 한 다음 옆으로 틀듯이 깍지를 빼 모양을 유지합니다. 주로 꽃을 표현할 때 사용합니다.

⑧ 195K번

바닥과의 각도는 30도, 바닥과의 거리는 1cm 위로 띄운 상태에서 준비합니다. 손에 힘을 주어 크림의 형태가 동그랗게 나오면 힘을 빼고 깍지의 끝이 바닥으로 향하도록 세우며 짤주머니를 뺍니다. 같은 동작을 연속해서 하면 됩니다.

⑨ 1A번 / 2A번

바닥과의 각도는 90도, 바닥과의 거리는 1cm 위로 띄운 상태에서 준비합니다. 손에 힘을 주어 크림의 형태가 동그랗게 될 때까지 짭니다. 원하는 모양이 나왔다면 손에 힘을 빼고 짤주머니를 들어올려 자연스러운 뿔을 만들어 줍니다. 이때 짤주머니를 움직이지 말고 그대로 들어올려야 일정한 모양을 만들 수 있습니다.

⑩ 171K번

171K번 깍지로는 둥근 장미 모양과 구름 모양을 만들 수 있습니다. 먼저 **둥근 장미 모양**은 비닥과의 각도를 90도로 유지한 채 바닥에 점을 찍듯 크림을 조금 짜 두고, 짜 놓은 크림을 중심으로 시계 방향으로 한 바퀴를 돌립니다. 깍지가 한 바퀴 돌아 시작 부분으로 오면 손에 힘을 빼면서 짤주머니를 들어올려 자연스럽게 마무리합니다. 시계 방향으로 원형을 그릴 때는 크림이 눌리지 않도록 주의하면서 입체감 있게 만드는 것이 중요합니다. **구름 모양**을 만들 때는 둥근 장미 모양과 마찬가지로 둥글게 짜되, 숫자 9를 생각하며 꼬리 부분을 살짝 길게 빼고 끝이 휘어지도록 짭니다. 방향을 바꿔가면서 이어서 짜면 케이크의 가장자리를 장식하기 좋습니다.

+ 레터링

레터링은 케이크 위에 메시지를 직접 적어 마음을 전할 수 있는 가장 효과적인 방법입니다. 상대방에게 전하고 싶었던 속마음을 한글이나 영문으로 다양하게 적어 전달할 수 있습니다. 글씨를 예쁘게 쓰지 못해도 그 자체가 디자인이 되니 부담 갖지 말고 케이크 위에 개성 있는 글씨로 마음을 표현해봅니다.

> **TIP. 레터링 쓸 때의 주의사항**
>
> + 레터링을 쓸 때는 기본적으로 원형 모양의 깍지를 많이 사용해요.
> + 짤주머니에 넣는 크림의 양은 손으로 짤주머니를 잡았을 때 손인에 잡히는 양과 같거나 살짝 적은 양을 넣어야 힘이 적당히 잘 전달되어 글씨를 쓰기가 편해요.
> + 크림을 짤 때는 케이크 윗면에 바짝 붙여서 쓰지 말고, 살짝 위로 들어올려 크림이 나오는 걸 보면서 글씨를 쓰세요.
> + 글씨의 획을 그을 때는 짤주머니에 일정한 힘을 주어야 흔들리지 않고 깔끔하게 쓸 수 있어요.
> + 곡선을 표현할 때는 깍지와 케이크 윗면의 거리를 조금 더 떨어뜨려 공간을 확보하면서 선을 표현하면 자연스럽게 만들 수 있어요.

안심Touch

① 한글 레터링(지름 15cm 1호 케이크, 원형 2번 깍지)

지름 15cm 안에 원형 2번 깍지를 사용해 16자의 한글을 넣어 꽉 찬 느낌으로 레터링했습니다. 깔끔한 아이싱에 별다른 데커레이션 없이 레터링만으로 포인트를 주고 싶을 때 활용하면 좋습니다. 다만, 1호 원형 케이크를 기준으로 가장자리에 크림으로 데커레이션을 했다면 글자는 10자 이내로 쓰는 것이 좋습니다. 또한 작은 그림이나 하트 등의 장식을 넣고 싶을 때도 글자는 10자 내로 적어야 여백의 편안함을 느낄 수 있습니다.

사실 한글 레터링은 어떤 글씨체를 사용하느냐, 어떻게 간격을 띄우고 작업하느냐에 따라 느낌이 완전히 달라지기 때문에 '이렇게 써야 한다'라는 정답은 없습니다. 받는 사람을 생각하며 한 글자 한 글자 나만의 글씨체로 정성스럽게 적으면 그것 자체로 아주 특별한 케이크가 완성됩니다.

② 영문 레터링(지름 15cm 1호 케이크, 원형 3번 깍지)

영문은 반듯하게 쓰는 정자체와 흘려 쓰는 필기체 두 가지를 모두 사용합니다. 처음엔 어렵겠지만 조금만 연습하면 훨씬 깔끔하고 예쁜 모양으로 쓸 수 있습니다.

정자체의 경우 한 획씩 끊어가면서 글을 쓰고, 글자 하나하나의 크기를 동일하게 써야 정돈된 느낌이 듭니다. 사각형의 상자 안에 꽉 차도록 글씨를 쓴다고 생각하면서 반듯하게 쓰면 됩니다. **필기체**의 경우 5~10도 정도 기울인 상태로 글을 씁니다. 필기체라고 해서 처음부터 끝까지 쉬지 않고 써야 한다는 부담감을 가질 필요는 없습니다. 한 글자를 쓰고 다음 글자는 옆 글자와 살짝 겹쳐서 쓰면 됩니다. 물론 한 글자씩 쓰는 것이 익숙해지면 연속으로 쓰는 것도 도전해보면 좋겠습니다.

PART 2

디자인 케이크 레시피

화이트베어 컵케이크

컵케이크 위에 깜찍한 화이트베어가 인사해요. 귀여운 컵케이크는 간단한 티타임부터 아이들 간식은 물론 손님용 핑거푸드로도 딱이에요. 만드는 방법이 어렵지 않아 손재주가 없는 분들도 쉽게 만들 수 있고 아이와 함께 놀이하듯 만들어도 좋아요.

👑 **분량**
컵케이크 5개(지름 5~6cm)

🗄 **보관 방법**
냉장 보관

🎚 **난이도**
★☆☆☆☆

아　이　싱 : ◯ 화이트(200g) = 2A번
데커레이션 : ◯ 화이트(150g) = 804번
　　　　　　 ● 콜블랙(30g) = 3번, 8번
　　　　　　 ◗ 로즈핑크(15g) = 1번

🐻 미리 준비하기

• 제누와즈 만들기의 '플레인시트' 레시피로 컵케이크 5개를 구워서 완전히 식혀둡니다.

• 버터크림은 취향에 따라 이탈리안 버터크림과 크림치즈 크림 중 하나를 선택해 준비하고 각각 아이싱용과 데커레이션용으로 나눈 다음 용량별로 조색합니다.

• 짤주머니에 깍지를 끼워 조색한 버터크림을 담아 준비합니다.

• 미니 스패츌러를 준비합니다.

안심Touch

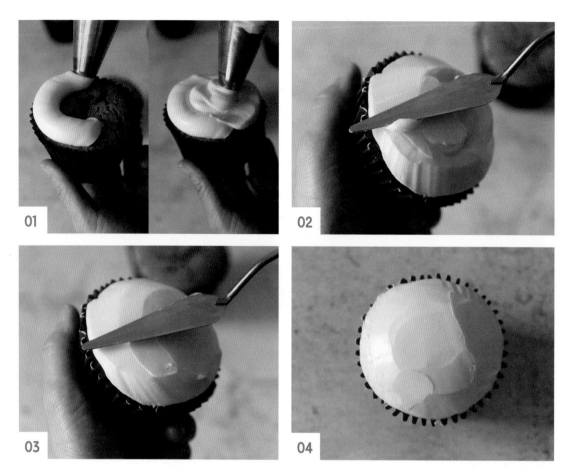

01. 2A번 깍지의 화이트 크림으로 컵케이크의 윗부분을 아이싱합니다. 먼저 컵케이크의 가장자리에 크림을 굵게 짜고, 안쪽을 같은 두께로 채우듯이 짭니다.

02. 미니 스패츌러를 사용해 크림을 정리합니다. 한 손으로 컵케이크를 살짝 기울여 잡고 스패츌러 날로 가장자리부터 조금씩 깎으며 정리합니다.

03. 가장자리가 매끈하게 정리되면 스패츌러를 조금씩 안쪽으로 옮기면서 튀어나온 부분을 둥글게 깎으며 정리합니다.

04. 02번~03번 과정을 참고해 전체적으로 매끈하고 동그란 반원을 만듭니다. 이때 깎이는 크림은 덜어내는 것이 아니라 안쪽으로 가지고 들어와서 볼륨을 만드는 데 사용합니다.

05. 804번 깍지의 화이트 크림으로 컵케이크 가운데에 곰돌이의 콧등을 동그랗게 만들고, 위에는 귀를 만듭니다. 귀는 동그란 모양으로 짜면서 깍지를 들어올리다가 일정 높이에서 아래쪽으로 꺾듯이 내려 뾰족하게 만듭니다.

06. 3번 깍지의 콜블랙 크림으로 콧등 바로 위에 눈을 만들고, 8번 깍지의 콜블랙 크림으로 코를 만듭니다.

07. 1번 깍지의 로즈핑크 크림으로 곰돌이 얼굴 양옆에 볼터치를 그립니다.

08. 같은 색 크림의 깍지로 곰돌이 귀 안쪽을 칠하면 완성입니다. 같은 방법으로 컵케이크 다섯 개를 모두 만듭니다.

무지개 도시락 케이크

요즘 아주 핫한 미니 도시락 케이크를 만들어 보았어요. 작고 귀여워서 만드는 데 부담도 없고 도시락에 쏙 들어가는 사이즈로 만들기 때문에 선물을 하거나 피크닉용으로 아주 좋아요. 오늘은 무지개 도시락 케이크를 만들지만 다양한 케이크 픽을 사용하면 얼마든지 새로운 스타일로 만들 수 있어요.

♛ 분량
미니 케이크(지름 10cm)

🗄 보관 방법
냉장 보관

🎂 난이도
★☆☆☆☆

아 이 싱 : 🌢 연한 스카이블루(130g)

데커레이션 1 : 🌢 스카이블루(20g)
　　　　　　　○ 화이트(70g) = 804번

데커레이션 2 : 화이트 구슬 스프링클

🎂 미리 준비하기

• 원하는 종류의 제누와즈를 만들어 버터크림으로 애벌아이싱한 후 냉장 보관해 둡니다.

• 버터크림은 취향에 따라 이탈리안 버터크림과 크림치즈 크림 중 하나를 선택해 준비하고 각각 아이싱 용과 데커레이션용으로 나눈 다음 용량별로 조색합니다.

• 짤주머니에 깍지를 끼워 조색한 버터크림을 담아 준비합니다.

• 미니 스패츌러, 유산지, 종이 도시락통, 무지개 모양 케이크 픽을 준비합니다.

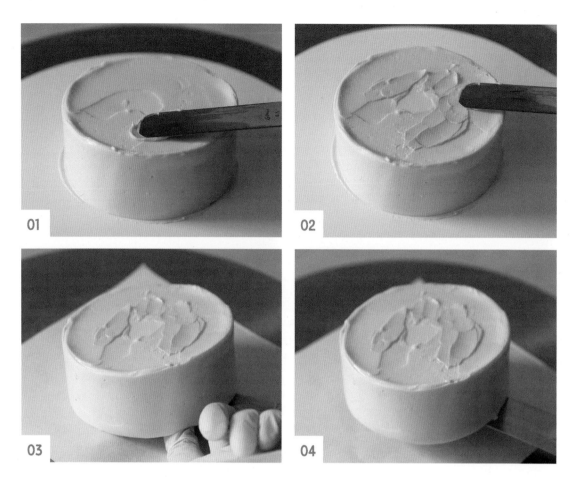

01. 애벌아이싱한 미니 케이크를 연한 스카이블루 크림으로 아이싱합니다. 그다음 미니 스패츌러 끝부분에
　　　스카이블루 크림을 조금 덜어 케이크 윗면에 터치하듯 바릅니다.

　　🅣🅘🅟 연한 스카이블루 크림으로 아이싱을 할 때, 평소보다 조금 더 얇게 아이싱하면 애벌아이싱한 화이트 크림이 언뜻언뜻 보여 더욱
　　　　자연스러운 느낌을 줄 수 있어요.

02. 케이크 윗면에 스카이블루 크림을 3～4회에 걸쳐 터치해 자연스러운 느낌을 살립니다.

03. 스패츌러 날을 케이크 바닥에 조심히 찔러 넣어 살짝 들어올린 다음, 다른 손의 손가락으로 케이크 바닥
　　　을 받쳐 유산지 위로 옮깁니다. 이동 중에 케이크가 흔들리지 않도록 주의합니다.

04. 유산지 위에 케이크를 내린 뒤 손가락을 빼고 스패츌러 날을 바닥에 완전히 붙인 다음 빼냅니다. 스패츌
　　　러를 뺄 때는 아이싱이 망가지지 않도록 조심스럽게 천천히 뺍니다.

　　🅣🅘🅟 케이크를 유산지 위로 옮길 때는 유산지의 중앙에 케이크가 위치해야 해요. 만약 중심이 맞지 않다면 03번～04번 과정을 반복해
　　　　위치를 잡아주세요.

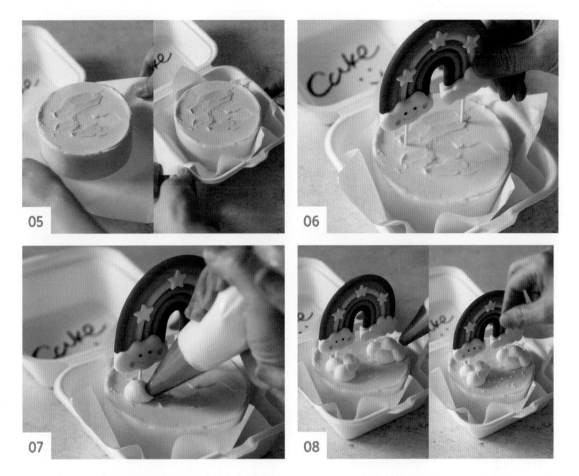

05. 유산지를 대각선으로 잡고 케이크가 기울어지지 않도록 주의하면서 종이 도시락통에 넣습니다. 그다음 여분의 유산지를 바깥쪽으로 접습니다.

🄣🄟 유산지의 가장자리를 정리하지 않으면 유산지가 케이크를 건드려 아이싱이 망가질 수 있어요

06. 케이크 위에 무지개 모양 케이크 픽을 꽂습니다.

07. 804번 깍지의 화이트 크림으로 무지개 픽 아래에 구름을 만듭니다. 깍지를 15도 정도 기울인 상태에서 바닥을 향해 크림을 동그랗게 짜고 손에 힘을 빼면서 깍지를 아래로 내려 꼬리를 만듭니다.

08. 07번 과정을 참고해 동그란 크림을 여러 개 겹쳐서 짜 구름을 만들고, 케이크 윗면에 화이트 구슬 스프링클을 뿌려 장식하면 완성입니다.

노아이싱 케이크

happy yourdays

전체적으로 아이싱을 하지 않고 제누와즈의 자연스러움을 그대로 살린 케이크예요. 아이싱 대신 인서트 크림에 핑크빛 그러데이션을 더해 크게 장식하지 않아도 우아한 매력이 있어요. 아이싱이 어렵게 느껴지거나 시간이 없을 때 간단하게 완성할 수 있답니다.

👑 분량
1호 케이크(지름 15cm)

📅 보관 방법
냉장 보관

🎴 난이도
★☆☆☆☆

인 서 트 : 🟣 네온브라이트핑크(90g) = 커플러

　　　　　 🟣 연한 네온브라이트핑크①[네온브라이트핑크 : 화이트 = 2 : 3](90g) = 커플러

　　　　　 🟣 연한 네온브라이트핑크②[네온브라이트핑크 : 화이트 = 1 : 4](90g) = 커플러

아 이 싱 : 🟣 연한 베이커즈로즈[베이커즈로즈 : 화이트 = 1 : 4](90g) = 커플러

🎂 미리 준비하기

- 원하는 종류의 제누와즈를 만들어 2cm 높이로 슬라이스하여 4장을 준비합니다.

- 설탕과 물을 1 : 2 비율로 섞어 끓인 다음 완전히 식혀 시럽을 준비합니다.

- 버터크림은 취향에 따라 이탈리안 버터크림과 크림치즈 크림 중 하나를 선택해 준비하고 각각 인서트용과 아이싱용으로 나눈 다음 용량별로 조색합니다.

- 짤주머니에 커플러를 끼워 조색한 버터크림을 담아 준비합니다.

- 미니 스패츌러와 케이크 픽을 준비합니다.

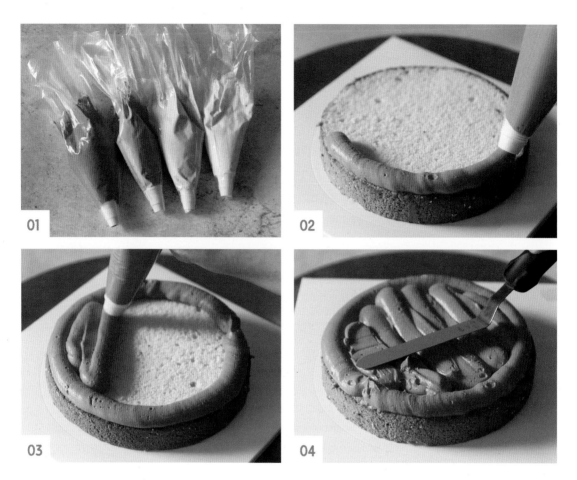

01. 인서트 크림과 아이싱 크림을 만들어 각각 커플러를 끼운 짤주머니에 담습니다. 크림은 앞서 재료 부분에 적힌 비율대로 만들어 자연스럽게 그러데이션 되도록 합니다.

02. 시트 한 장을 케이크 하판에 올리고 시럽을 듬뿍 바른 다음 네온브라이트핑크 크림을 가장자리에 둘러가며 짭니다. 이때 크림은 일정한 볼륨으로 도톰하게 짭니다.

(TIP) 아래쪽은 진한 색의 크림을 사용하고 위로 올라갈수록 연한 색의 크림을 사용해 그러데이션을 줄 거예요.

03. 같은 색상의 크림으로 안쪽을 채웁니다. 앞서 짠 가장자리 크림과 같은 높이로 도톰하게 짭니다.

04. 미니 스패츌러 앞부분으로 안쪽의 크림을 매끈하게 펴줍니다. 이때 02번 과정에서 짠 가장자리 라인은 건드리지 말고 안쪽만 폅니다.

05. 시트를 한 장 더 올리고 시럽을 바른 다음, 02번 과정을 참고해 연한 네온브라이트핑크① 크림을 가장자리에 도톰하게 짭니다.

06. 03번~04번 과정을 참고해 같은 색상의 크림으로 안쪽을 채우고 미니 스패츌러로 안쪽의 크림을 매끈하게 폅니다.

07. 시트를 한 장 더 올리고 시럽을 바른 다음, 02번~03번 과정을 참고해 연한 네온브라이트핑크② 크림을 도톰하게 짭니다.

08. 04번 과정을 참고해 미니 스패츌러로 안쪽의 크림을 매끈하게 폅니다.

09. 마지막 시트를 올리고 시럽을 바른 다음, 아이싱용으로 만든 연한 베이커즈로즈 크림을 가운데에 동그랗게 짭니다.

10. 작은 동그라미를 감싸며 중앙에서부터 바깥쪽으로 동그랗게 짭니다. 이때 시트 밖으로 크림이 튀어나오지 않도록 시트 가장자리가 살짝 보이는 상태까지 짭니다.

11. 미니 스패츌러로 크림을 폅니다. 10번 과정에서 비워둔 시트 가장자리까지 골고루 펼치면 됩니다.

12. 가장 처음에 사용했던 네온브라이트핑크 크림을 스패츌러로 조금 떠서 케이크 윗면에 가볍게 발라 장식합니다.

13. 12번 과정에서 바른 네온브라이트핑크 색상이 자연스럽게 펼쳐지도록 윗면을 정리합니다.

(TIP) 맨 윗면의 아이싱을 완벽하게 마무리할 필요는 없어요. 색이 적당히 펼쳐지고 약간 스패츌러 자국이 남아있어야 자연스러워요.

14. 마지막으로 케이크 중앙에 케이크 픽을 꽂으면 완성입니다.

그러데이션 케이크

아주 간단하지만, 완성도는 높은 그러데이션 케이크예요. 바이올렛, 피치, 핑크의 3가지 컬러가 주는 러블리함이 케이크에 가득 묻어난답니다. 윗면과 옆면에 자연스럽게 그러데이션 만드는 방법을 알려드릴게요. 처음에는 책을 따라서 만들다가 익숙해지면 원하는 색상으로 또 다른 그러데이션 케이크를 만들어봐요.

👑 **분량**
1호 케이크(지름 15cm)

🗄 **보관 방법**
냉장 보관

🔖 **난이도**
★☆☆☆☆

아 이 싱 : 🟣 연한 바이올렛(130g) = 커플러
　　　　　 🟢 연한 조지아피치(120g)
　　　　　 🔴 연한 로즈핑크(100g)

데커레이션 1 : ⚪ 화이트(30g) = 2번, 0번

데커레이션 2 : 화이트 구슬 스프링클

🏔 미리 준비하기

- 원하는 종류의 제누와즈를 만들어 버터크림으로 애벌아이싱한 후 냉장 보관해 둡니다.

- 버터크림은 취향에 따라 이탈리안 버터크림과 크림치즈 크림 중 하나를 선택해 준비하고 각각 아이싱용과 데커레이션용으로 나눈 다음 용량별로 조색합니다.

- 짤주머니에 깍지를 끼워 조색한 크림을 담아 준비합니다. 아이싱용 연한 바이올렛 크림 130g 중 70g은 커플러를 끼운 짤주머니에 따로 담아 준비합니다.

- 미니 스패츌러, 8인치 스패츌러, 스크래퍼를 준비합니다.

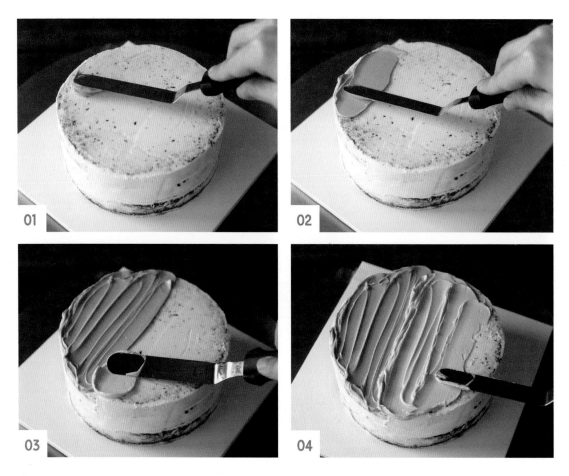

01. 미니 스패츌러로 연한 바이올렛 크림을 소량 떠서 애벌아이싱한 케이크의 윗부분에 올립니다.

02. 윗부분부터 스패츌러의 각도를 살짝씩 열고 닫으며 좌우로 움직여 크림을 바릅니다. 움직일 때마다 스패츌러가 케이크에 닿는 면적을 조금씩 넓히면 더욱 넓게 바를 수 있습니다.

03. 크림이 모자란다면 조금씩 더 추가하면서 케이크 윗면의 반 정도를 바릅니다. 이때 스패츌러의 끝부분에 살짝 힘을 주어 크림에 자국이 생기도록 바릅니다. 그다음 연한 조지아피치 크림을 살짝 겹쳐 올립니다.

04. 03번 과정을 참고해 연한 조지아피치 크림을 바릅니다. 케이크 윗면의 아래쪽을 살짝 남기고 스패츌러 끝부분에 힘을 주어 크림에 자국이 생기도록 바릅니다.

TIP 크림에 자국을 만들 때는 규칙적인 것보다 불규칙적으로 표현해야 훨씬 자연스럽게 보여요.

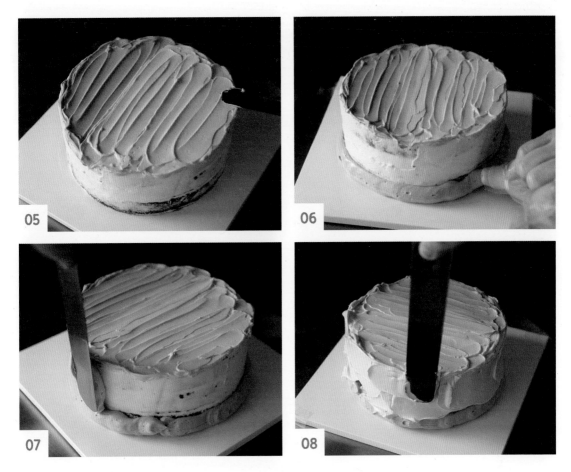

05. 연한 로즈핑크 크림으로 **04**번 과정에서 남긴 부분을 같은 방법으로 바릅니다.

　　　TIP 윗면에 3가지 색의 크림이 자연스럽게 그러데이션 되도록 크림이 겹치는 부분을 한 번씩 더 밀어주세요.

06. 커플러만 끼운 연한 바이올렛 크림을 케이크 옆면 아랫부분에 짜줍니다. 커플러 끝을 케이크 하단에 밀착한 뒤, 돌림판을 돌리면서 크림을 굵게 짭니다.

07. 8인치 스패츌러로 케이크의 옆면 중간 부분에 연한 조지아피치 크림을 떠서 바릅니다.

08. 케이크 옆면 윗부분에는 연한 로즈핑크 크림을 바릅니다. 그다음 스패츌러를 수직으로 세워 크림을 살짝 정리합니다.

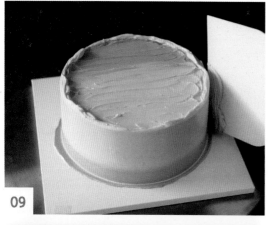

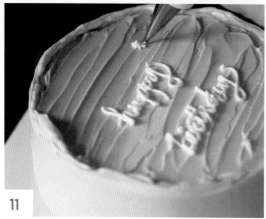

09. 어느 정도 크림이 정리되면 스크래퍼의 날을 케이크 옆면에 밀착한 뒤 돌림판을 돌려 깔끔하게 정리하고, 바닥에 남은 크림은 스패츌러로 정리합니다. 이때 케이크 산은 따로 정리하지 않습니다.

10. 2번 깍지의 화이트 크림으로 원하는 문구[happy birthday]를 레터링합니다.

> (TIP) 케이크의 표면이 울퉁불퉁한 경우, 굵기가 가는 깍지를 이용하여 글자를 쓰면 글씨도 울퉁불퉁하게 쓰여 가독성이 떨어져요. 그러니 최소 원형 2~3번 이상의 깍지를 사용하세요.

> (TIP) 텍스트를 케이크 중앙에 배치하기 위해서는 이쑤시개로 텍스트가 들어갈 부분에 점을 찍어 위치를 잡으면 좋아요. 책에서는 필기체로 썼지만, 취향에 따라 정자체로 써도 좋아요.

11. 텍스트를 쓰고 남은 공간에 0번 깍지의 화이트 크림으로 별 모양을 그리고 화이트 구슬 스프링클을 뿌려 밤하늘을 표현하면 완성입니다.

화이트하트 케이크

깔끔한 아이싱도 예쁘지만, 러프하게 아이싱하면 훨씬 자연스러운 느낌의 케이크를 만들 수 있어요. 아이싱이 어려운 분에게는 부담 없는 작업이기도 하고요. 화이트하트 케이크는 스패츌러를 자유롭게 움직여 아이싱 자체만으로 훌륭한 데커레이션이 되도록 만들었어요. 여기에 깜찍한 하트를 만들어 사랑스러움이 배가 되었답니다.

👑 **분량**
1호 하트 케이크(지름 15cm)

📅 **보관 방법**
냉장 보관

📋 **난이도**
★☆☆☆☆

아　이　싱 : ⬭ 화이트(280g)
데 커 레 이 션 : ⬥ 콜블랙(30g) = 1번
　　　　　　　　⬥ 레드레드(25g) = 1번

🍰 미리 준비하기

- 원하는 종류의 제누와즈를 만들어 버터크림으로 애벌아이싱한 후 냉장 보관해 둡니다.
- 버터크림은 취향에 따라 이탈리안 버터크림과 크림치즈 크림 중 하나를 선택해 준비하고 각각 아이싱용과 데커레이션용으로 나눈 다음 용량별로 조색합니다.
- 짤주머니에 깍지를 끼워 조색한 크림을 담아 준비합니다.
- 8인치 스패츌러를 준비합니다.

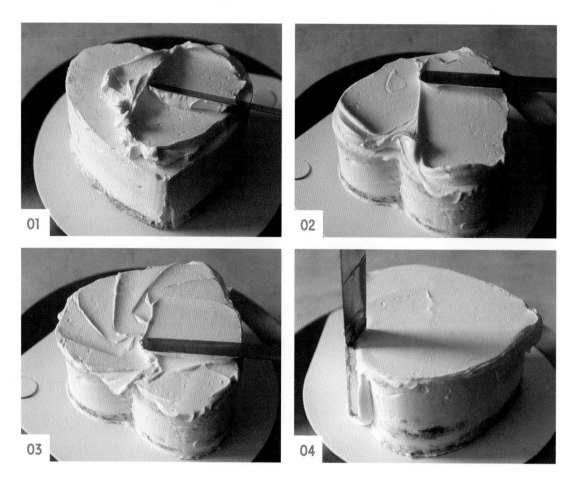

01. 애벌아이싱한 케이크 윗면에 화이트 크림을 올리고 스패츌러의 양쪽 날을 활용해 각을 열고 닫으며 크림을 바릅니다.

02. 하트의 모양을 살려 V자를 그리면서 윗면을 매끈하게 정리합니다.

03. 스패츌러의 끝을 케이크 중심에 두고 날을 크림에 붙인 상태에서 각을 조금씩 열고 닫으면서 양쪽 날을 움직입니다. 이 상태에서 돌림판을 돌리며 크림의 두께를 일정하게 펼친 다음, 각을 연 상태로 돌림판을 돌려 윗면을 깔끔하게 정리합니다.

04. 하트의 위쪽, 움푹 파인 부분에 스패츌러의 뒷날을 붙이고 곡선을 따라 튀어나온 크림을 정리하면서 옆면에 바릅니다.

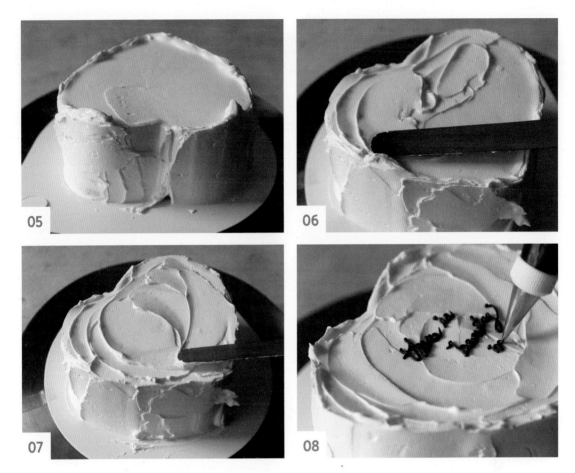

05. 크림이 부족한 부분은 조금씩 추가로 바르면서 옆면을 마무리합니다. 이때 매끈하게 정리하려 하지 말고 약간 거친 느낌을 그대로 살립니다.

06. 스패츌러의 끝부분으로 케이크 윗면에 둥글게 터치를 넣어 무늬를 만듭니다.

07. 케이크 윗면에 전체적으로 큰 동그라미를 그리며 자연스러운 무늬를 넣어줍니다.

🖉 윗면 크림의 양이 적어 무늬를 만들기 어렵다면, 소량의 크림을 스패츌러 끝부분으로 떠서 윗면에 바르며 무늬를 만들어 주세요.

08. 1번 깍지의 콜블랙 크림으로 원하는 문구[there is beauty in simplicity]를 레터링합니다. 윗면의 자연스러운 무늬와 어울리도록 필기체로 적는 것이 좋습니다.

🖉 텍스트를 쓸 때 곡선이 많은 글자일수록 깍지를 바닥에서 떨어뜨려 공간을 확보하면서 작업하는 것이 좋아요. 크림이 떨어지는 걸 보면서 원하는 위치에 크림을 내리면 곡선을 자연스럽게 쓸 수 있답니다.

09. 1번 깍지의 레드레드 크림으로 텍스트 옆에 하트를 짭니다.

TIP 하트짜기 : 깍지의 끝을 원하는 위치에 올린 다음 크림을 꾹 짜서 동그란 형태가 나오면 오른쪽으로 살짝 틀면서 힘을 빼 꼬리를 만들어요. 그다음 반대쪽에 깍지를 대고 꾹 짜서 크림이 동그랗게 나오면 이번에는 왼쪽으로 살짝 틀어 두 꼬리가 만나게 만들면 돼요.

10. 09번 과정과 같은 방법으로 케이크 윗면에 랜덤으로 하트를 그립니다.

11. 케이크 옆면에도 하트를 그려 장식하면 완성입니다.

아기 고래 케이크

바닷속을 자유롭게 헤엄치는 아기 고래를 케이크로 만들었어요. 만들기도 간단하고 완성품이 아주 깜찍해서 남녀노소 모두 좋아할 거예요. 동그라미나 네모 모양이었던 케이크의 형식을 벗어나 다양한 모양으로 케이크 만드는 방법을 알려드릴 테니 천천히 따라오세요.

👑 **분량**
1호 케이크(지름 15cm)

🗄 **보관 방법**
냉장 보관

🔪 **난이도**
★★☆☆☆

인　서　트 : ⬭ 화이트(200g) = 커플러

아　이　싱 : ⬭ 화이트(70g) = 104번
　　　　　　 🔵 스카이블루(160g) = 104번

데 커 레 이 션 : 🔵 스카이블루(80g) = 104번
　　　　　　 ⚫ 콜블랙(5g) = 4번
　　　　　　 ⬭ 화이트(3g) = 1번
　　　　　　 🟣 바이올렛(10g)

🎂 미리 준비하기

• 원하는 종류의 제누와즈를 만들어 1.5cm 높이로 슬라이스하여 4장을 준비합니다.

• 설탕과 물을 1 : 2 비율로 섞어 끓인 다음 완전히 식혀 시럽을 준비합니다.

• 버터크림은 취향에 따라 이탈리안 버터크림과 크림치즈 크림 중 하나를 선택해 준비하고 각각 아이싱용과 데커레이션용으로 나눈 다음 용량별로 조색합니다.

• 짤주머니에 깍지를 끼워 조색한 버터크림을 담아 준비합니다.

• 미니 스패츌러, 이쑤시개, 가위, 장식용 미니 고깔을 준비합니다.

01. 1.5cm 높이로 슬라이스한 시트 위에 이쑤시개를 사용해 고래 모양으로 라인을 그립니다. 우선 시트 3장
에만 그립니다.

    (TIP) 시트 2장은 같은 크기로, 1장은 조금 작은 크기로 그려요.

02. 라인을 따라 가위로 자릅니다.

03. 고래 모양으로 자른 시트 3장을 차례대로 쌓아 올리고, 자르고 남은 시트 조각으로 고래 모양을 하나 더
만들어 총 4단의 시트를 준비합니다.

    (TIP) 아직 자르지 않은 시트 1장과 남은 조각 시트를 모으면 작은 고래를 하나 더 만들 수 있어요.

04. 케이크 하판에 시트 한 장을 올리고 미리 준비한 시럽을 충분히 바릅니다.

05. 커플러만 끼운 짤주머니에 인서트 크림을 담아 시트의 가장자리를 짜고 안쪽을 채운 다음 미니 스패츌러로 균일하게 폅니다.

06. 크림 위에 다시 시트 한 장을 올리고 시럽과 인서트 크림을 바릅니다. 아기 고래는 몸은 동그랗고 꼬리쪽으로 갈수록 경사가 낮아지니, 크림도 몸통은 두껍게 바르고 꼬리 쪽으로 갈수록 얇게 바릅니다.

07. 같은 방법으로 시트 4장을 모두 쌓아 고래 형태를 만듭니다. 이때 세 번째 시트는 꼬리 부분을 조금 잘라 경사가 생기도록 만들고, 네 번째 시트는 사이즈를 조금 더 작게 잘라 돔 형태로 만듭니다.

> 🅣🅘🅟 세 번째 시트의 꼬리 끝을 자르면 꼬리 부분에 경사를 더 줄 수 있어요. 네 번째 시트 역시 둥근 몸통을 만들기 위해서 사이즈를 줄이는데, 가장자리를 위주로 자르면 돼요.

08. 남은 인서트 크림을 케이크 표면에 골고루 바른 다음, 미니 스패츌러를 사용해 고래 모양으로 다듬어 애벌아이싱을 합니다. 그다음 냉장고에 2시간 정도 보관해 크림을 차갑게 굳힙니다.

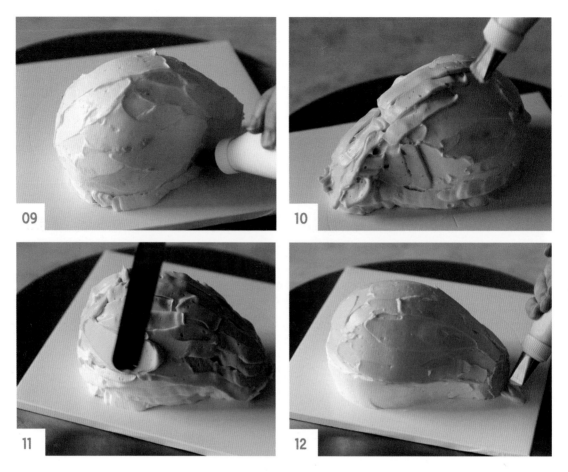

09. 차갑게 굳힌 케이크를 꺼내 104번 깍지의 화이트 크림으로 아기 고래의 배 부분에 얇게 두 줄을 짭니다.

10. 104번 깍지의 스카이블루 크림으로 아기 고래의 둥근 몸통에 크림을 납작하게 짭니다.

11. 미니 스패츌러를 사용해 09번~10번 과정에서 짜놓은 크림을 매끈하게 정리하면서 빈틈없이 펴 바릅니다.

     (TIP) 화이트 크림과 스카이블루 크림이 서로 섞이지 않도록 주의히세요.

12. 104번 깍지의 스카이블루 크림으로 아기 고래의 꼬리를 그립니다. 바닥부터 큰 V자 모양으로 뾰족하게 그리면서 조금씩 위로 쌓아올립니다.

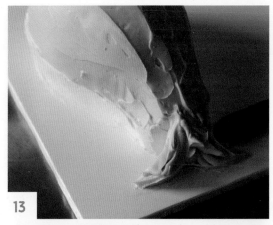

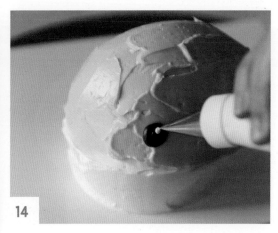

13. 몸통과 자연스럽게 경사를 이루며 연결될 때까지 계속해서 크림을 쌓아올려 꼬리를 만듭니다. 그다음 스패츌러 날로 꼬리의 끝을 뾰족하게 다듬어 줍니다.

14. 4번 깍지의 콜블랙 크림과 1번 깍지의 화이트 크림으로 아기 고래의 눈동자를 표현합니다.

15. 머리에는 미니 고깔을 씌우고 104번 깍지의 스카이블루 크림으로 지느러미를 표현합니다. 마지막으로 미니 스패츌러를 사용해 케이크 하판에 스카이블루, 화이트, 바이올렛 크림을 소량 발라 바다의 물결을 묘사하면 완성입니다.

닭다리 케이크

이건 치킨인가, 케이크인가.
보자마자 아이들의 관심을 한 몸에 받을 닭다리 케이크예요. 케이크 위에 파에
테포요틴을 뿌려 치킨의 바삭한 식감까지 완벽하게 표현했답니다. 아이들 생일
파티에 만들어주면 인기 만점이겠죠.

♛ **분량**
미니 케이크(지름 12cm)

▤ **보관 방법**
냉장 보관

▣ **난이도**
★★☆☆☆

아 이 싱 : ● 버크아이브라운(130g)
데커레이션 1 : ● 레드레드(15g) = 2번
데커레이션 2 : 파에테포요틴, 감자과자

🎂 미리 준비하기

- '아기 고래 케이크(p.78)'의 **01**번~**08**번 과정을 참고해 케이크 모양을 만들고 냉장고에 2시간 정도 차갑게 보관합니다.
- 버터크림은 취향에 따라 이탈리안 버터크림과 크림치즈 크림 중 하나를 선택해 준비하고 각각 아이싱용과 데커레이션용으로 나눈 다음 용량별로 조색합니다.
- 짤주머니에 깍지를 끼워 조색한 버터크림을 담아 준비합니다.
- 미니 스패츌러, 니트릴 장갑, 작은 접시를 준비합니다.

01. '아기 고래 케이크'를 참고해 애벌아이싱까지 마친 케이크 위에 미니 스패츌러로 버크아이브라운 크림을
조금씩 떠서 올립니다.

02. 미니 스패츌러의 날을 열고 닫으면서 좌우로 움직여 크림을 넓게 펼칩니다. 이때 케이크의 볼록한 부분
이 잘 표현되도록 볼륨을 살리며 바릅니다.

03. 케이크에 전체적으로 골고루 크림을 바릅니다. 이때 닭다리의 가는 부분도 꼼꼼히 발라줍니다.

> (TIP) 아이싱 크림을 골고루 발라야 튀김옷(파에테포요틴)을 잘 붙일 수 있어요.

04. 니트릴 장갑을 끼고 케이크 위에 파에테포요틴을 골고루 뿌린 다음 가볍게 두드려 붙입니다. 너무 세게
누르면 케이크의 형태가 흐트러질 수 있으니 조심합니다.

> (TIP) 파에테포요틴은 크레페 반죽을 얇게 구워 부순 것으로, 식감이 매우 바삭하고 버터향이 나는 것이 특징이에요.

05. 케이크의 옆면과 바닥에도 파에테포요틴을 꼼꼼하게 붙입니다. 아래쪽으로 내려갈수록 케이크의 폭이 좁아지고 기울어져 있어 붙이기 어려우니 손에 파에테포요틴을 가득 떠서 톡톡 두드리듯 붙입니다.

(TIP) 바닥까지 꼼꼼하게 붙여야 접시로 옮겼을 때 구멍이 생기지 않아요.

06. 미니 스패츌러로 닭다리 케이크를 조심스럽게 들어 접시 위로 옮깁니다.

07. 케이크 옆에 시판 감자과자를 올려 장식합니다.

08. 2번 깍지의 레드레드 크림을 감자과자 위에 뿌려 케첩을 표현하면 완성입니다.

안심Touch

싱그러운 생화 케이크

크림으로 짠 꽃도 예쁘지만, 생화의 아름다움은 따라갈 수 없죠. 이번에는 케이크에 생화를 꽂아 특별하게 만들어 보았어요. 케이크와 꽃을 한 번에 선물할 수 있어서 주는 사람도 받는 사람도 더욱 기억에 남는 행복한 선물이 될 거예요.

👑 **분량**
1호 케이크(지름 15cm)

🗄 **보관 방법**
냉장 보관

🎂 **난이도**
★★☆☆☆

아 이 싱 : ⬭ 화이트(230g)

데커레이션 1 : ⬛ 네온브라이트핑크(30g)

데커레이션 2 : 장미, 물(600g), 베이킹소다(30g), 레몬즙(10g)

🎂 **미리 준비하기**

• 원하는 종류의 제누와즈를 만들어 버터크림으로 애벌아이싱한 후 냉장 보관해 둡니다.

• 버터크림은 취향에 따라 이탈리안 버터크림과 크림치즈 크림 중 하나를 선택해 준비하고 각각 아이싱용과 데커레이션용으로 나눈 다음 용량별로 조색합니다.

• 8인치 스패튤러와 미니 스패튤러, 볼, 가위, 키친타월, 밀착랩, 핀셋을 준비합니다.

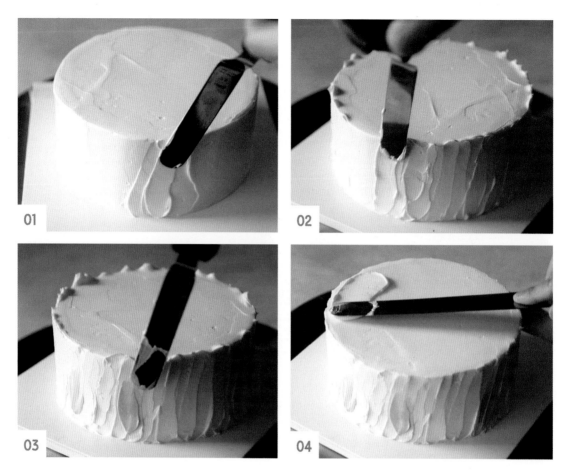

01. 애벌아이싱한 케이크를 화이트 크림으로 아이싱합니다. 그다음 미니 스패츌러로 케이크 옆면의 크림을 아래에서 위로 끌어올려 살짝 기울어진 빗살무늬를 만듭니다.

02. 같은 동작을 반복해서 케이크 옆면에 전체적으로 무늬를 만듭니다.

03. 네온브라이트핑크 크림을 미니 스패츌러로 조금 떠서 옆면의 무늬를 따라 드문드문 바릅니다.

04. 케이크 산을 살짝 정리한 다음, 아이싱하고 남은 화이트 크림을 8인치 스패츌러로 조금 떠서 케이크 윗면의 가장자리에 올립니다.

05. 그 상태로 돌림판을 천천히 돌리면서 스패츌러 끝을 조금씩 중앙으로 움직여 달팽이 무늬를 만듭니다.

06. 네온브라이트핑크 크림을 미니 스패츌러로 조금 떠서 윗면의 무늬를 따라 드문드문 발라 자연스럽게 핑크색이 보이도록 만듭니다. 그다음 냉장고에 넣어 크림을 살짝 굳힙니다.

07. 이제 생화를 준비합니다. 먼저 장식에 필요한 생화와 꽃을 소독하기 위한 물, 베이킹소다, 레몬즙을 준비합니다.

08. 볼에 물을 붓고 베이킹소다와 레몬즙을 넣어 골고루 섞습니다.

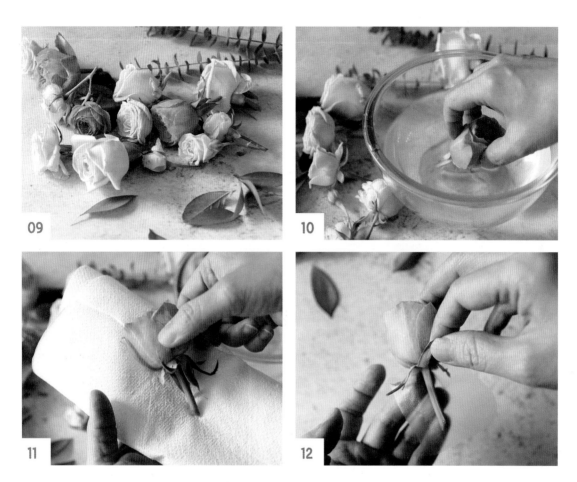

09. 장미는 가시를 제거하고 케이크에 어레인지할 길이(케이크에 꽂을 수 있는 길이)로 자릅니다.

10. 꽃 안에 물이 들어가지 않도록 흐르는 물로 살짝 닦은 다음, 08번 과정에서 준비한 물에 장미의 줄기와 꽃받침을 1분가량 담가 소독합니다.

11. 소독이 끝난 장미는 건져내 키친타월에 톡톡 두드리며 물기를 닦습니다. 이때 세게 두드리면 꽃이 상할 수 있으니 조심조심 다룹니다.

12. 밀착랩을 장미의 줄기를 감쌀 수 있는 정도의 크기로 잘라서 준비합니다.

13. 장미 줄기에 밀착랩을 꼼꼼히 붙여 말아줍니다.

ⓣⓘⓟ 한 번 소독하기는 했지만, 음식에 사용되는 소품이니 밀착랩으로 한 번 더 꼼꼼하게 감아주세요.

14. 06번 과정에서 냉장고에 넣어둔 케이크를 꺼내고, 핀셋으로 꽃의 줄기 가장 위쪽을 잡아 케이크에 어레 인지합니다.

15. 장미를 케이크의 윗면과 옆면에 원하는 형태로 어레인지하고, 초록색 잎도 같은 방법으로 소독하여 장미 근처에 꽂아 싱그러움을 더해주면 완성입니다.

ⓣⓘⓟ 장미가 아닌 다른 꽃을 사용해서 만들어도 좋아요. 단 꽃가루가 날리거나 꽃의 크기가 너무 작아 작업하기 어려운 꽃은 피하는 게 좋아요.

로즈 리스 케이크

동그란 장미가 케이크의 테두리를 가득 장식하고 있는 로즈 리스 케이크예요. 깍지를 활용해 장미꽃이 풍성한 케이크를 만들고 레터링은 이중으로 작업해 입체감을 살려 보았어요. 장미꽃도 레터링도 어려운 과정은 없으니 꼭 따라 해보세요.

👑 **분량**
1호 케이크(지름 15cm)

📱 **보관 방법**
냉장 보관

🎚 **난이도**
★★☆☆☆

아 이 싱 : 🟢 연한 네온브라이트그린(230g)

데커레이션 : 🔴 연한 브라이트레드(240g) = 192번, 3번

🟢 리프그린(60g) = 352번

⚪ 화이트(20g) = 3번

🎂 **미리 준비하기**

• 원하는 종류의 제누와즈를 만들어 버터크림으로 애벌아이싱한 후 냉장 보관해 둡니다.

• 버터크림은 취향에 따라 이탈리안 버터크림과 크림치즈 크림 중 하나를 선택해 준비하고 각각 아이싱용과 데커레이션용으로 나눈 다음 용량별로 조색합니다.

• 짤주머니에 깍지를 끼워 조색한 크림을 담아 준비합니다.

• 8인치 스패츌러를 준비합니다.

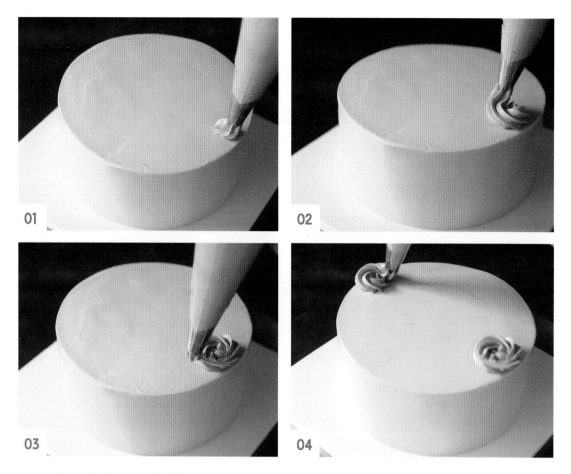

01. 애벌아이싱한 케이크를 연한 네온브라이트그린 크림으로 아이싱합니다. 그다음 192번 깍지의 연한 브라이트레드 크림을 케이크 가장자리에 살짝 짜서 꽃을 고정할 크림을 만듭니다.

02. 01번 과정에서 만든 고정 크림을 동그랗게 감싸면서 시계 방향으로 원을 그리며 짭니다. 이때 짤주머니를 바닥에서 살짝 들어올려 떨어지는 크림의 위치를 잡으면서 짭니다.

03. 한 바퀴 반을 돌린 다음 원하는 크기의 원형 로즈가 만들어지면 손에 힘을 빼면서 들어올려 자연스럽게 마무리합니다.

(TIP) 꽃을 짤 때는 일정한 힘으로 크림을 짜야 매끈한 모양의 원형 로즈를 만들 수 있어요.

04. 01번~03번 과정을 참고해 마주 보는 위치에 같은 방법으로 원형 로즈를 만듭니다.

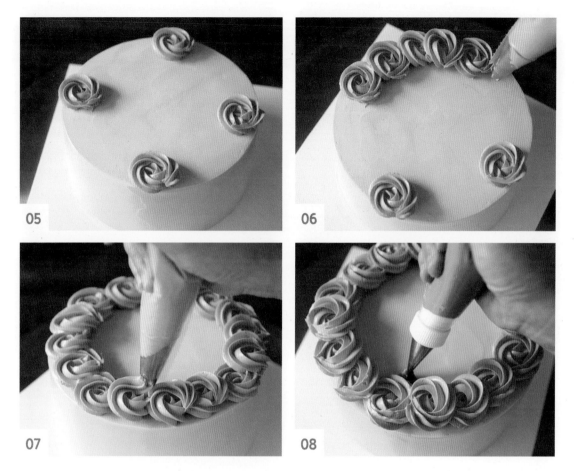

05. 같은 방법, 같은 간격으로 네 곳에 똑같은 크기의 원형 로즈 4개를 만듭니다.

06. 4개의 원형 로즈 사이사이에 원형 로즈를 3개씩 더 만듭니다.

07. 비어 있는 부분이 없도록 원형 로즈로 케이크의 가장자리를 채워 리스 형태로 만듭니다.

08. 352번 깍지의 리프그린 크림으로 리스 안쪽에 나뭇잎을 짭니다.

ⓣⓘⓟ **나뭇잎짜기** : 원하는 위치에 깍지의 끝을 대고 힘을 주어 크림을 짠 다음 손에 힘을 빼고 그대로 위로 들어올리면 끝부분이 뾰족한 나뭇잎을 만들 수 있어요.

09. 리스 안쪽에 나뭇잎을 적당히 만들었다면 이번에는 리스 바깥쪽과 원형 로즈 사이에도 나뭇잎을 랜덤으로 짭니다.

10. 3번 깍지의 연한 브라이트레드 크림으로 케이크 중앙에 원하는 문구[Lovely]를 레터링합니다.

11. 3번 깍지의 화이트 크림으로 10번 과정에서 적은 레터링 위를 한 번 더 적어 이중으로 만들면 완성입니다.

TIP 같은 레터링을 이중으로 겹쳐서 적으면 훨씬 더 입체감 있는 케이크를 만들 수 있어요.

2단 촛불 케이크

케이크 위에 또 다른 케이크! 1단 케이크 위에 2단 케이크!
앙증맞은 2단 케이크 그림과 가장자리에 뽕뽕뽕 올라온 동그란 크림이 동심을
자극하는 2단 촛불 케이크예요. 이 케이크를 받고 신나서 후~ 불면 안 돼요. 이건
안 꺼지는 촛불이거든요.

👑 **분량**
1호 케이크(지름 15cm)

📋 **보관 방법**
냉장 보관

🍰 **난이도**
★★☆☆☆

아 이 싱 : ⚪ 레몬옐로(230g)

데커레이션 1 : ⚪ 화이트(200g) = 1번, 2A번

　　　　　　　🔴 레드레드(30g) = 2번

　　　　　　　⚫ 콜블랙(10g) = 2번

데커레이션 2 : 화이트코팅초콜릿, 스프링클

🍰 미리 준비하기

• 원하는 종류의 제누와즈를 만들어 버터크림으로 애벌아이싱한 후 냉장 보관해 둡니다.

• 버터크림은 취향에 따라 이탈리안 버터크림과 크림치즈 크림 중 하나를 선택해 준비하고 각각 아이싱
　용과 데커레이션용으로 나눈 다음 용량별로 조색합니다.

• 짤주머니에 깍지를 끼워 조색한 크림을 담아 준비합니다.

• 8인치 스패츌러와 이쑤시개, 미니 스패츌러, 짤주머니를 준비합니다.

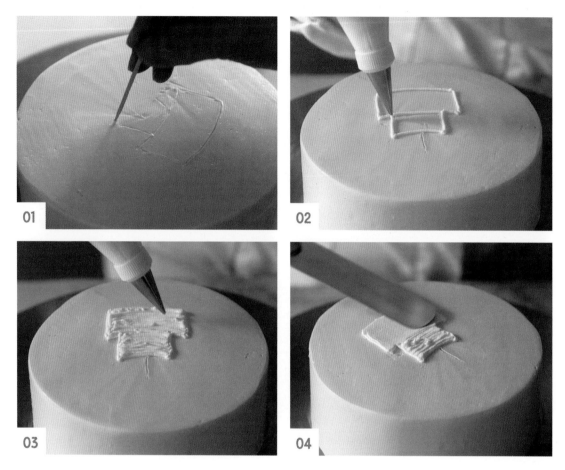

01. 애벌아이싱한 케이크를 레몬옐로 크림으로 아이싱합니다. 그다음 이쑤시개를 사용해 케이크 윗면에 2단 케이크의 밑그림을 그립니다.

02. 1번 깍지의 화이트 크림으로 01번 과정에서 그린 밑그림을 따라 가이드라인을 그립니다.

> *TIP* 가이드라인을 그릴 때는 깍지의 끝을 위로 살짝 띄워 크림이 떨어지는 위치를 확인하며 그리면 더욱 깔끔하게 그릴 수 있어요.

03. 가이드라인 안쪽을 화이트 크림으로 꼼꼼하게 채웁니다.

04. 스패츌러의 끝부분으로 03번 과정에서 채운 크림의 윗면을 살짝 밀어 매끈하게 정리합니다.

> *TIP* 가이드라인 바깥으로 크림이 삐져나오지 않도록 최대한 힘을 뺀 상태에서 크림의 울퉁불퉁한 부분을 평평하게 편다고 생각하며 정리해 주세요.

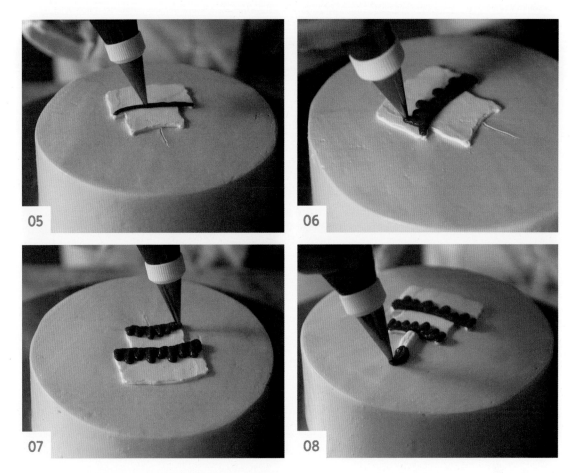

05. 케이크 그림에서 윗단과 아랫단이 나뉘는 부분에 2번 깍지의 레드레드 크림으로 선을 그어 단을 구분해 줍니다.

06. 05번 과정에서 그린 선 위에 아래쪽으로 초콜릿이 흘러내리는 모양을 그립니다. 이때 선을 조금 굵게 그려 입체감을 살리고, 길이는 들쭉날쭉하게 그려 자연스럽게 흘러내리는 모양을 표현합니다.

07. 05번~06번 과정을 참고해 케이크 그림의 윗단에도 흘러내리는 초콜릿을 그립니다. 이때 아랫단에서 그린 초콜릿과 똑같이 그리면 자연스러움이 사라지니 되도록이면 불규칙하게 그리는 것이 좋습니다.

(TIP) 케이크 위에 그림을 그릴 때는 그림을 같은 위치에 두고 그릴 필요는 없어요. 상황에 따라 돌림판을 돌려가며 그림을 그리기 편한 위치에 케이크를 두고 그리세요.

08. 케이크 그림 위에 1번 깍지의 화이트 크림으로 초를 그리고, 2번 깍지의 레드레드 크림으로 촛불을 그립니다.

(TIP) 초와 촛불은 여러 번 겹쳐 짜서 입체감을 주세요.

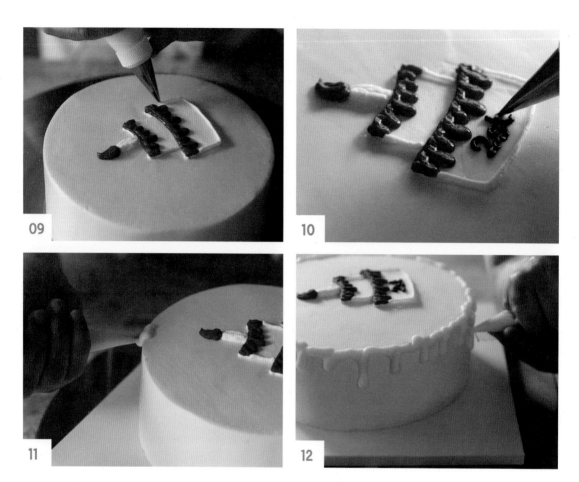

09. 1번 깍지의 화이트 크림으로 케이크 그림의 테두리를 그려 깔끔하게 정리합니다.

10. 2번 깍지의 콜블랙 크림으로 아랫단에 원하는 문구[2st]를 레터링합니다.

11. 화이트코팅초콜릿을 중탕으로 녹인 다음 짤주머니에 넣어 끝부분을 조금 잘라 준비합니다. 그다음 케이크의 가장자리에 힘주어 짜 초콜릿이 자연스럽게 흘러내리도록 만듭니다.

12. 돌림판을 돌리면서 짤주머니에 힘을 주었다 뺐다를 반복해 가장자리를 전부 장식합니다. 초콜릿을 길게 늘이고 싶은 부분에서는 힘을 살짝 더 주어 길이를 불규칙하게 조정합니다.

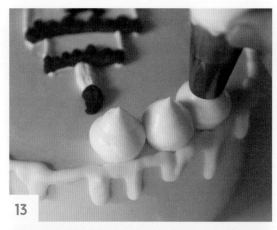

13. 2A번 깍지의 화이트 크림으로 케이크 가장자리에 동그랗게 진주짜기합니다.

TIP **진주짜기** : 깍지를 케이크 윗면과 직각으로 두고 1cm 정도 위로 띄운 상태에서 크림을 짜요. 크림이 동그랗고 통통하게 짜지면 손에 힘을 빼고 그대로 위로 잡아당기면서 마무리하면 돼요.

14. 간격과 크기를 맞춰가면서 가장자리를 전부 장식합니다. 이렇게 장식하면 초콜릿을 짜면서 생긴 지저분한 부분을 깔끔하게 가릴 수 있습니다.

15. 마지막으로 케이크 그림 주변에 알록달록한 스프링클을 뿌리면 완성입니다.

알록달록 솜사탕 케이크

케이크를 무조건 한 가지 색으로 매끈하게 아이싱해야 하는 건 아니에요. 다양한 색의 크림을 러프하게 슥슥 발라도 충분히 예쁜 케이크가 만들어진답니다. 이번에 소개할 케이크는 폭신한 솜사탕 같은 컬러로 알록달록하게 아이싱을 해보았는데요. 여기에 곰돌이 발자국까지 찍으니 귀여움이 한 층 업그레이드되었어요.

👑 **분량**
1호 케이크(지름 15cm)

🗄 **보관 방법**
냉장 보관

🍰 **난이도**
★★☆☆☆

아　이　싱 : 🍥 연한 로즈핑크(75g)
　　　　　　　🍥 연한 네온브라이트퍼플(75g)
　　　　　　　🍥 연한 레몬옐로(75g)
　　　　　　　🍥 연한 민트그린(75g)

데 커 레 이 션 : 🍥 네온브라이트퍼플 + 🍥 네온브라이트블루(30g) = 5번
　　　　　　　🍥 버크아이브라운(150g) = 1A번, 9번

🎂 미리 준비하기

• 원하는 종류의 제누와즈를 만들어 버터크림으로 애벌아이싱한 후 냉장 보관해 둡니다.

• 버터크림은 취향에 따라 이탈리안 버터크림과 크림치즈 크림 중 하나를 선택해 준비하고 각각 아이싱용과 데커레이션용으로 나눈 다음 용량별로 조색합니다.

• 짤주머니에 깍지를 끼워 조색한 크림을 담아 준비합니다.

• 8인치 스패츌러를 준비합니다.

01. 애벌아이싱한 케이크 옆면에 스패츌러로 연한 로즈핑크 크림을 조금 떠서 바릅니다. 이때 9시 방향에서 6시 방향으로 스패츌러 날로 긁듯이 발라줍니다.

02. 돌림판을 돌려가며 01번 과정과 같은 방법으로 케이크 옆면에 사방으로 크림을 바릅니다.

03. 케이크의 윗면에도 크림을 군데군데 바릅니다. 케이크 바깥으로 크림이 조금 삐져나와도 괜찮으니 자연스럽게 발라줍니다.

> (TIP) 케이크 윗부분까지 올라온 옆면의 연한 로즈핑크 크림과 연결하듯 바르면 더 예뻐요.

04. 연한 네온브라이트퍼플 크림을 01번~03번 과정과 같은 방법으로 옆면과 윗면에 바릅니다.

> (TIP) 앞으로 크림을 두 가지 더 발라야 하니 처음부터 너무 많이 바르지 말고 공간을 남기면서 작업해요.

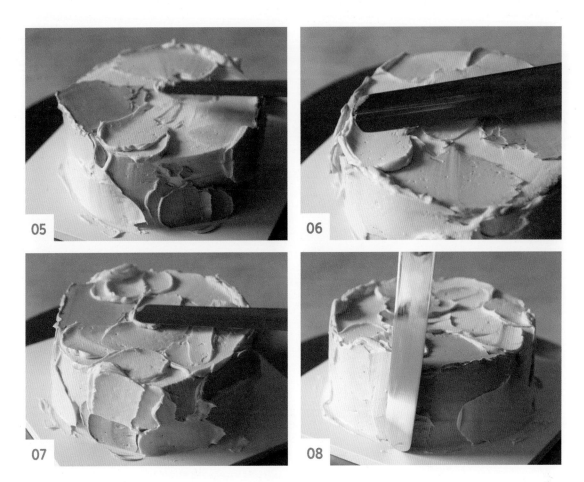

05. 연한 레몬옐로 크림도 동일한 방법으로 옆면과 윗면에 바릅니다.

06. 마지막으로 남은 공간에 연한 민트그린 크림을 바릅니다.

07. 4가지의 컬러 크림이 균형 있게 발렸는지 확인합니다. 빈 부분이 있거나 한 가지 색상이 너무 많이 발린 부분이 있다면 크림을 덧발라 균형을 맞춰줍니다.

08. 스패츌러를 직각으로 세워 옆면을 살짝 정리합니다. 매끈하게 할 필요는 없고, 컬러 크림의 경계를 이어 준다는 느낌으로 살짝만 정리해 자연스러운 느낌을 살립니다.

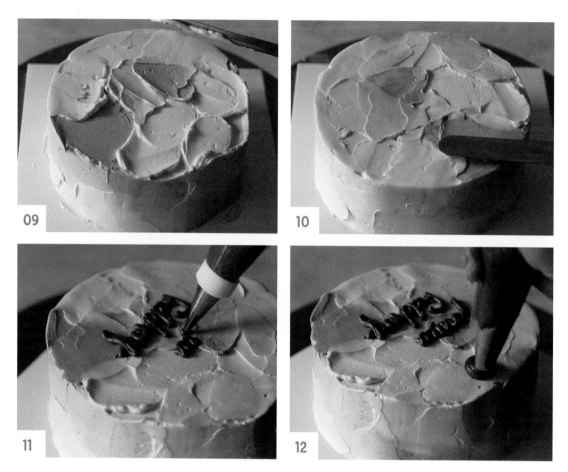

09. 케이크 윗면으로 올라온 산은 스패츌러 날을 이용해 안쪽으로 살짝 밀어줍니다.

10. 케이크의 윗면도 스패츌러 날로 살짝 정리해 자연스러운 느낌을 살립니다.

11. 5번 깍지의 네온브라이트퍼플 + 네온브라이트블루 크림으로 원하는 문구[happy mind]를 레터링합니다.

TIP 두 줄의 문장을 쓸 때 윗줄보다 아랫줄의 글자 수가 더 적을 때는 앞 글자의 라인에 맞춰서 쓰기보다, 문장이 끝나는 부분이나 중앙에 맞춰서 쓰면 좀 더 안정적으로 레터링 할 수 있어요.

12. 1A번 깍지의 버크아이브라운 크림으로 납작하게 동그라미를 짭니다. 케이크에서 1cm 정도 위로 떨어진 위치에서 크림을 짜다가 원하는 크기의 동그라미가 되면 손에 힘을 빼고 그 상태로 동그랗게 돌리면서 깍지를 떼어냅니다.

TIP 동그라미를 짤 때 손에 힘을 뺀 뒤 그대로 들어올리면 끝이 뾰족한 물방울 모양이 되니, 깍지를 바로 떼지 말고 살짝 돌려서 뿔이 생기지 않게 해주세요.

13. 12번 과정과 같은 방법으로 케이크 윗면과 옆면에 랜덤으로 크림을 짭니다.

14. 9번 깍지의 버크아이브라운 크림으로 13번 과정에서 짠 동그라미 윗부분에 작은 동그라미 3개를 짜서 발자국을 만듭니다.

15. 14번 과정과 같은 방법으로 케이크에 발자국을 만들면 완성입니다. 취향에 따라 모양 초나 스프링클로 장식해도 좋습니다.

소녀의 사랑고백 케이크

케이크에 소중한 사람의 얼굴을 그려보면 어떨까요? 자신의 얼굴이 그려진 케이크를 선물 받으면 정말 감동할 것 같아요. 케이크에 그림을 그린다는 것이 처음에는 어려워 보이지만 방법만 알면 쉽게 만들 수 있어요. 걱정하지 말고 천천히 따라 만들어 보세요.

👑 **분량**
1호 케이크(지름 15cm)

🗄 **보관 방법**
냉장 보관

🎂 **난이도**
★★☆☆☆

아　이　싱 : 🤍 화이트(230g)

데커레이션 : 🧅 연한 조지아피치(20g) = 1번

🧄 레몬옐로(10g) = 1번

💧 바이올렛(20g) = 1번

🖤 버크아이브라운(30g) = 1번

🖤 콜블랙(20g) = 1번, 2번

💧 레드레드(60g) = 1번, 2번

🎂 미리 준비하기

- 원하는 종류의 제누와즈를 만들어 버터크림으로 애벌아이싱한 후 냉장 보관해 둡니다.
- 버터크림은 취향에 따라 이탈리안 버터크림과 크림치즈 크림 중 하나를 선택해 준비하고 각각 아이싱용과 데커레이션용으로 나눈 다음 용량별로 조색합니다.
- 짤주머니에 깍지를 끼워 조색한 크림을 담아 준비합니다.
- 8인치 스패츌러와 이쑤시개, 미니 스패츌러를 준비합니다.

01. 애벌아이싱한 케이크를 화이트 크림으로 아이싱합니다. 그다음 이쑤시개를 사용해 케이크 윗면에 그리고자 하는 사람의 얼굴을 캐릭터화 하여 스케치합니다.

🔖 그림 아래에 레터링을 해야 하니 공간을 생각하면서 스케치해요. 얼굴을 캐릭터화 할 때는 동글동글하게 그려야 부드럽고 귀여운 느낌을 살릴 수 있어요.

02. 1번 깍지의 연한 조지아피치 크림으로 이쑤시개로 그린 스케치를 따라 얼굴과 목, 귀의 라인을 그립니다.

🔖 라인을 그릴 때는 이쑤시개 자국이 보이지 않도록 자국을 덮어가며 그려요. 케이크 윗면에서 깍지를 조금 들고 천천히 일정한 힘으로 짜야 라인을 깔끔하게 그릴 수 있어요.

03. 같은 크림으로 02번 과정에서 그린 라인 안쪽을 촘촘하게 채웁니다.

04. 미니 스패츌러를 살짝 기울여 한쪽 날로 라인 안쪽의 크림을 밀어 평평하게 펴줍니다. 이때 크림이 라인 밖으로 삐져나오지 않도록 주의합니다.

🔖 스패츌러의 각도를 많이 기울이면 그만큼 깎이는 크림의 양도 많아지니 각도는 아주 살짝만 기울여요.

114

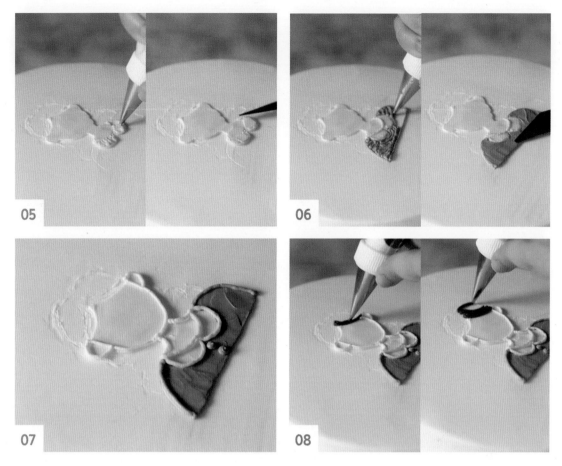

05. 1번 깍지의 레몬옐로 크림으로 블라우스의 노란 옷깃을 그립니다. 02번~04번 과정을 참고해 라인을 그리고, 라인 안쪽을 채우고, 스패츌러로 평평하게 폅니다.

06. 같은 방법을 사용해 1번 깍지의 바이올렛 크림으로 블라우스를 그린 다음 평평하게 폅니다.

07. 얼굴과 옷깃, 블라우스의 가장자리를 같은 컬러로 한 번 더 그려 그림을 더욱 선명하게 표현합니다. 블라우스에는 작은 점을 찍어 단추도 달아줍니다.

08. 1번 깍지의 버크아이브라운 크림으로 가르마를 기준으로 한 가닥씩 머리카락을 그립니다.

TIP 머리카락은 스패츌러로 밀지 않고 깍지로 짠 모양 그대로를 살려서 자연스러운 질감을 표현할 거예요.

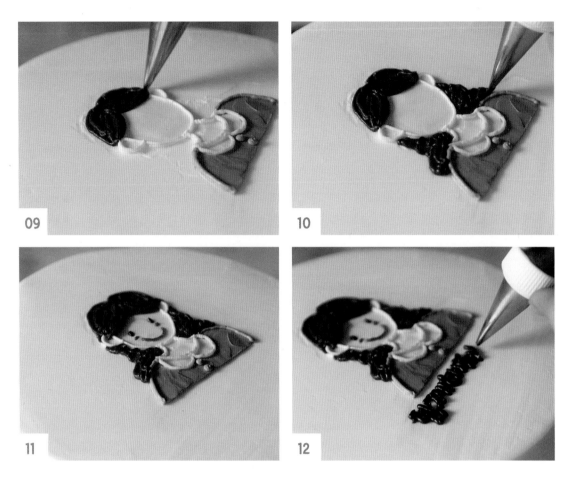

09. 반대쪽 머리카락까지 표현한 다음 빈틈이 보이지 않도록 중간중간 조금씩 겹쳐서 짭니다.

ⓣⓘⓟ 머리카락은 일단 한 줄을 먼저 짜고 그 위를 겹쳐서 짜야 훨씬 입체감 있는 그림을 완성할 수 있어요.

10. 08번~09번 과정을 참고해 긴 머리카락을 그립니다. 이때 크림을 일자로 짜면 생머리, 구불구불하게 짜면 파마머리를 표현할 수 있습니다.

11. 1번 깍지의 콜블랙 크림으로 눈을 그리고, 1번 깍지의 레드레드 크림으로 빨간 볼과 입을 그립니다.

12. 2번 깍지의 콜블랙 크림으로 그림 아래에 원하는 문구[함께해줘서 고마워 사랑해]를 레터링합니다.

13. 2번 깍지의 레드레드 크림으로 케이크 가장자리에 일정한 간격으로 하트를 그립니다.

(TIP) 하트짜기 방법은 '화이트하트 케이크(p.72)'의 **09**번 과정을 참고하세요.

14. 2번 깍지의 레드레드 크림으로 하트 사이에 물결 모양의 라인을 그리고, 얼굴 주변에 하트를 그려 꾸미면 완성입니다.

백일 케이크

사랑하는 아이의 백일에는 직접 만든 케이크를 준비해보는 건 어때요? 케이크의 가장자리에는 과하지 않게 잔잔한 꽃들을 수놓고, 가운데에는 글씨를 적어 깔끔하면서도 단아한 케이크를 만들었어요. 상황에 따라 텍스트만 수정하면 되니 여러 이벤트에 다양하게 활용할 수 있답니다.

👑 **분량**
1호 케이크(지름 15cm)

📙 **보관 방법**
냉장 보관

🎂 **난이도**
★★★☆☆

아 이 싱 : 🌰 연한 틸그린 (230g)

데 커 레 이 션 : 🌰 네온브라이트그린(30g) = 1번

🌰 리프그린 (30g) = 1번

🌰 선셋오렌지(10g) = 1번

🌰 네온브라이트옐로(10g) = 1번

🌰 바이올렛(5g) = 1번

🌰 레드레드(20g) = 1번

🤍 화이트(20g) = 1번

🌰 콜블랙(20g) = 3번

🎂 미리 준비하기

• 원하는 종류의 제누와즈를 만들어 버터크림으로 애벌아이싱한 후 냉장 보관해 둡니다.

• 버터크림은 취향에 따라 이탈리안 버터크림과 크림치즈 크림 중 하나를 선택해 준비하고 각각 아이싱 용과 데커레이션용으로 나눈 다음 용량별로 조색합니다.

• 짤주머니에 깍지를 끼워 조색한 크림을 담아 준비합니다.

• 8인치 스패츌러와 미니 스패츌러를 준비합니다.

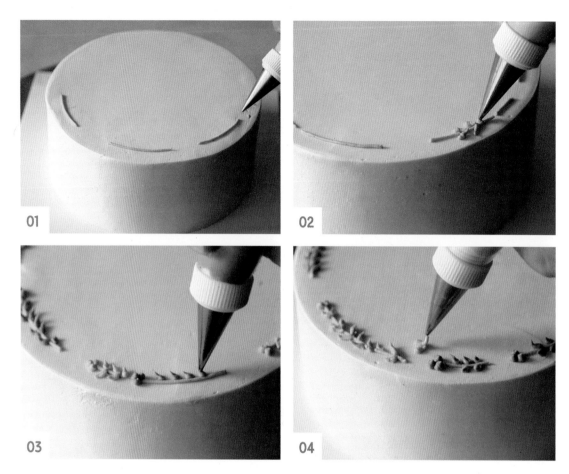

01. 애벌아이싱한 케이크를 연한 틸그린 크림으로 아이싱합니다. 그다음 1번 깍지의 네온브라이트그린 크림으로 가장자리에 줄기를 그립니다. 이때 줄기는 적당한 간격으로 중간중간 끊어가며 6개를 그립니다.

02. 01번 과정에서 그린 줄기의 양옆으로 짧고 가는 선을 불규칙하게 그려 나뭇잎을 표현합니다. 줄기에 깍지의 끝을 대고 아주 짧게 힘을 준 다음 그 상태로 힘을 빼면서 바깥쪽으로 빠르게 빼면 끝이 뾰족한 나뭇잎을 만들 수 있습니다. 줄기의 시작 부분에는 작은 동그라미 3개를 짜서 꽃망울도 만듭니다.

03. 1번 깍지의 리프그린 크림으로 02번 과정을 참고해 줄기에 다른 컬러의 나뭇잎과 꽃망울을 만듭니다.

🔹(TIP) 같은 나뭇잎이라도 두 가지 이상의 컬러를 사용해 색상을 풍부하게 만들어주면 더욱 완성도 높은 케이크를 만들 수 있어요

04. 1번 깍지의 선셋오렌지 크림으로 줄기 사이에 꽃을 만듭니다. 깍지의 끝을 케이크 윗면에 대고 살짝 힘을 주어 크림이 동그랗게 나오면 힘을 빼면서 아래쪽으로 빼줍니다. 같은 방법으로 크림을 두 번 더 짜서 꽃잎 세 장을 만듭니다. 이때 크림의 끝부분을 아래쪽으로 모이게 짜서 하나의 꽃송이를 만들면 됩니다. 줄기 사이에 하나 건너 하나씩 총 세 송이의 꽃을 만듭니다.

🔹(TIP) 다른 컬러로도 꽃을 만들 예정이니 간격을 두고 짜주세요.

05. 1번 깍지의 네온브라이트옐로 크림으로 비어 있는 줄기 사이에 꽃을 만듭니다. 04번 과정과 같은 방법으로 꽃을 만들되, 이번에는 다섯 장의 꽃잎 끝이 가운데로 모이게 짜면 됩니다. 마찬가지로 총 세 송이의 꽃을 만듭니다.

06. 1번 깍지의 바이올렛 크림과 레드레드 크림으로 줄기 주변에 랜덤으로 점을 찍습니다.

07. 05번 과정에서 만든 네온브라이트옐로 크림 꽃의 중앙에 1번 깍지의 화이트 크림으로 수술을 만듭니다.

08. 3번 깍지의 콜블랙 크림으로 케이크 윗면에 원하는 문구[백일]를 레터링합니다. 반듯한 정자체보다는 흘림체로 글씨를 써야 예스러운 느낌을 살릴 수 있습니다.

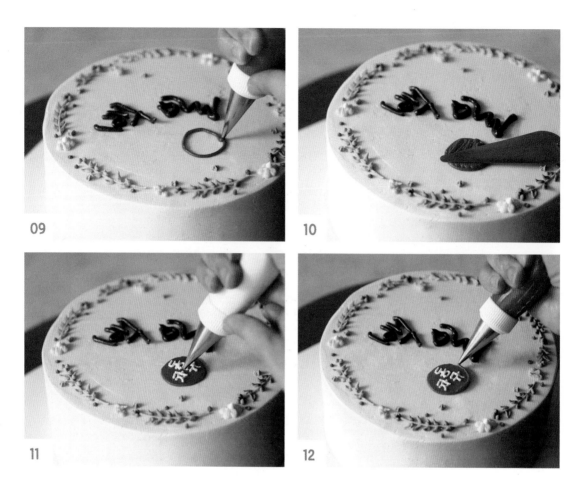

09. 1번 깍지의 레드레드 크림으로 원하는 위치에 동그라미를 그립니다.

10. 같은 크림으로 동그라미 안을 꼼꼼히 채우고, 미니 스패츌러로 빨간 동그라미 안을 평평하고 매끈하게 펴줍니다.

11. 빨간 동그라미 안에 1번 깍지의 화이트 크림으로 원하는 문구[아이의 이름]를 레터링합니다.

12. 1번 깍지의 레드레드 그림으로 빨간 동그라미 가장자리에 테두리를 그려 그림을 더욱 선명하게 만들면 완성입니다.

바닷가 케이크

처얼썩, 쏴아- 시원하게 물결치는 파도와 하얗게 부서지는 물거품. 튜브 하나 허리에 두르고 지금 당장이라도 바다에 뛰어들고 싶어져요. 자유롭게 밀려오는 파도와 백사장의 거친 모래를 있는 그대로 표현해 볼게요.

👑 **분량**
1호 케이크(지름 15cm)

🗄 **보관 방법**
냉장 보관

🎂 **난이도**
★★★☆☆

아　이　싱 : 🖤 플래쉬톤 + 🤍 아이보리(120g)
　　　　　　　💧 스카이블루(210g)
　　　　　　　🤍 화이트(30g)

데커레이션 1 : 🤍 화이트(20g) = 6번, 1번
　　　　　　　🖤 레드레드(30g) = 6번, 0번

데커레이션 2 : 쿠키크럼블

👑 미리 준비하기

• 원하는 종류의 제누와즈를 만들어 버터크림으로 애벌아이싱한 후 냉장 보관해 둡니다.

• 버터크림은 취향에 따라 이탈리안 버터크림과 크림치즈 크림 중 하나를 선택해 준비하고 각각 아이싱용과 데커레이션용으로 나눈 다음 용량별로 조색합니다.

• 짤주머니에 각지를 끼워 조색한 크림을 담아 준비합니다.

• 8인치 스패츌러와 미니 스패츌러를 준비합니다.

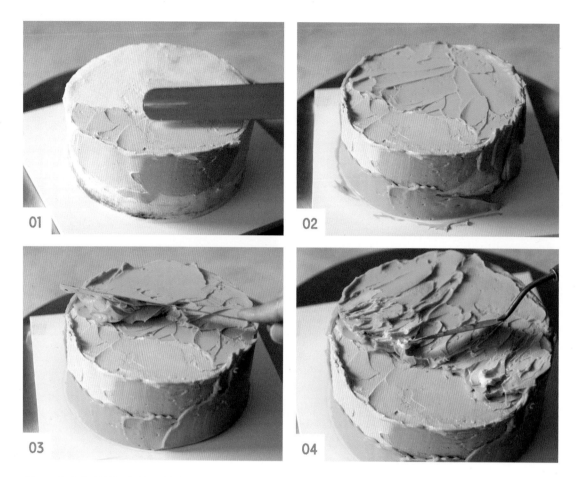

01. 애벌아이싱한 케이크의 윗면과 옆면 일부분에 플래쉬톤 + 아이보리 크림을 바릅니다. 백사장이 될 부분을 생각하고 그 부분에만 바르면 됩니다.

02. 01번 과정을 제외한 나머지 부분에 스카이블루 크림을 바릅니다. 크림을 러프하게 발라 자연스러운 터치감을 살립니다.

03. 8인치 스패츌러로 스카이블루 크림을 떠서 파도의 물결을 표현합니다. 백사장과 맞닿는 부분에 스패츌러 뒷날의 각을 열면서 크림을 두껍게 발라 경사가 생기도록 볼륨을 만듭니다.

04. 미니 스패츌러의 끝부분으로 화이트 크림을 조금 떠서 파도의 물거품을 표현합니다. 스패츌러로 좁게 터치하면서 경사를 급하게 만들어 화이트 크림이 한쪽(백사장 쪽)으로 쏠리는 느낌을 줍니다.

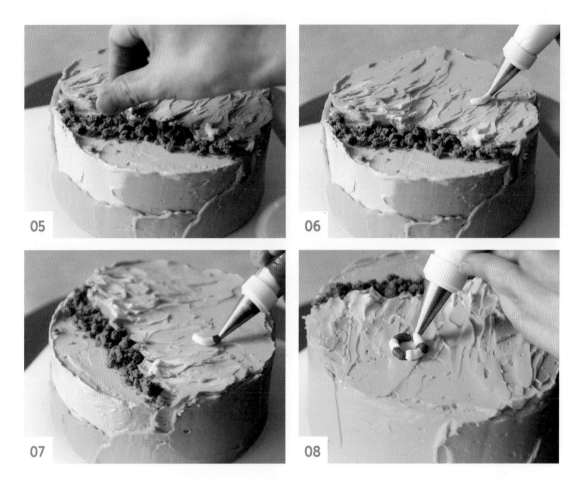

05. 시판용 쿠키크럼블을 파도와 백사장이 맞닿는 곳에 뿌려 바닷가의 느낌을 표현합니다.

🄣🄘🄟 쿠키크럼블 대신 다이제와 같은 쿠키를 잘게 부숴 사용해도 좋아요.

06. 6번 깍지의 화이트 크림으로 바다 위에 짧은 곡선을 짭니다. 동그라미를 그린다고 생각하면서 짜면 됩니다.

07. 6번 깍지의 레드레드 크림으로 06번 과정에서 짠 화이트 곡선 옆에 절반의 길이로 빨간 곡선을 그립니다.

08. 06번~07번 과정을 반복해 동그란 튜브를 만듭니다.

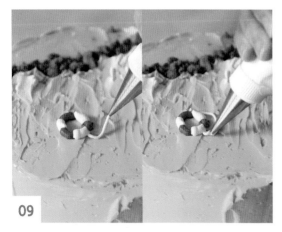 

09. 1번 깍지의 화이트 크림으로 튜브를 감싸는 끈을 그립니다. 크림을 얇고 길게 짜 튜브에서 튜브로 연결하고 마지막에는 끈 위에 다시 짧은 선을 그려 빗줄의 디테일을 표현합니다.

10. 0번 깍지의 레드레드 크림으로 원하는 문구[Summer Vacation]를 레터링하면 완성입니다.

2단 공룡 케이크

성별을 가리지 않고 아이들에게는 공룡이 전부인 시기가 있어요. 그림만 보고도 어떤 공룡인지 한눈에 알아보고, 발음하기도 어려운 공룡의 이름을 줄줄 외우기도 하죠. 이때 만들어주면 좋아할 케이크가 바로 2단 공룡 케이크예요. 거칠게 아이싱한 케이크 위에 아이들이 좋아하는 공룡 피규어를 올려 장식하면 끝! 절대 잊지 못할 추억이 될 거예요.

👑 분량
1호 케이크(지름 15cm) +
미니 케이크(지름 10cm)

🗄 보관 방법
냉장 보관

🗄 난이도
★★★☆☆

아　이　싱 : 🔵 리프그린(280g)
　　　　　　 🤍 네온브라이트옐로(180g)

데커레이션 : 🔵 스카이블루(50g) + ⚪ 화이트(20g)
　　　　　　 ⚫ 콜블랙(20g) + ⚪ 화이트(40g) = 8번
　　　　　　 🔵 리프그린(120g) = 233번, 8번

🎂 미리 준비하기

- 원하는 종류의 제누와즈를 만들어 버터크림으로 애벌아이싱한 후 냉장 보관해 둡니다.
- 버터크림은 취향에 따라 이탈리안 버터크림과 크림치즈 크림 중 하나를 선택해 준비하고 각각 아이싱용과 데커레이션용으로 나눈 다음 용량별로 조색합니다.
- 짤주머니에 깍지를 끼워 조색한 버터크림을 담아 준비합니다.
- 8인치 스패츌러, 미니 스패츌러, 조색볼, 고무주걱小, 피규어, 나무 모양 케이크 픽을 준비합니다.
- 케이크에 장식할 피규어는 미리 소독해 둡니다. 물(600g), 베이킹소다(30g), 레몬즙(10g)을 섞은 물에 넣거나, 식품에 닿아도 안전한 식품용 알코올로 케이크에 닿는 부분을 소독합니다.

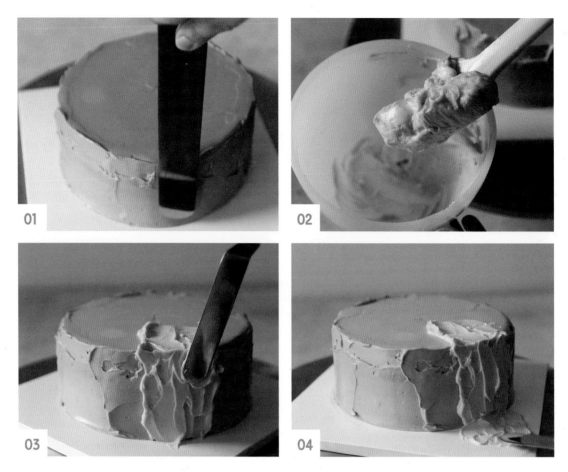

01. 2단 케이크의 아랫단을 먼저 작업합니다. 애벌아이싱한 1호 케이크를 리프그린 크림으로 살짝 거친 느낌이 들도록 러프하게 아이싱합니다.

02. 조색볼에 스카이블루 크림과 화이트 크림을 넣고 주걱으로 살짝 섞습니다. 이때 두 가지 색을 완전히 섞지 말고 마블 상태까지만 섞어줍니다.

03. 미니 스패츌러로 케이크에 폭포를 표현합니다. 02번 과정에서 조색한 스카이블루 + 화이트 크림을 스패츌러로 뜬 다음, 케이크의 위쪽에서 옆면을 타고 아래로 흘러내리는 듯이 펴 바릅니다.

(TIP) 폭포를 표현할 때는 거칠게 작업해 스패츌러 자국을 남기는 것이 좋아요. 스패츌러 자국이 물결이 흐르는 듯한 느낌을 준답니다.

04. 케이크 하판에도 크림을 소량 발라 폭포 아래에 고여있는 연못을 자연스럽게 표현합니다.

05. 조색볼에 콜블랙 크림과 화이트 크림을 넣고 주걱으로 살짝 섞습니다. 이때 두 가지 색을 완전히 섞지 말고 마블 상태까지만 섞어줍니다.

06. 8번 깍지를 끼운 짤주머니에 **05**번 과정에서 섞은 콜블랙 + 화이트 크림을 넣고, 케이크 하판의 연못 가장자리에 동그랗게 짜 돌멩이를 표현합니다.

🄿 돌멩이를 짤 때는 동그랗게 규칙적으로 짜기보다는 울퉁불퉁하고 크고 작은 모양으로 다양하게 짜는 게 훨씬 자연스러워 보여요.

07. 233번 깍지의 리프그린 크림으로 케이크 곳곳에 풀을 만듭니다. 깍지의 끝을 케이크 하판에 대고 위로 천천히 들어올리면서 길게 짜 케이크 옆면에 붙입니다. 그밖에 원하는 위치에도 풀을 만들어 밀림을 표현합니다.

08. 이번에는 2단 케이크의 윗단을 작업합니다. 애벌아이싱한 미니 케이크를 네온브라이트옐로 크림으로 러프하게 아이싱한 다음, 미니 스패츌러로 리프그린 크림을 조금 떠서 케이크의 윗면과 옆면에 부분부분 바릅니다.

09. 8인치 스패츌러를 수직으로 세워 케이크 옆면의 크림을 정리합니다. 매끈하지 않은 게 더 자연스러우니 가볍게 정리합니다.

10. 케이크를 2단으로 합칩니다. 미니 케이크 바닥과 하판 사이에 스패츌러 날을 집어넣고 조심히 들어올립니다. 케이크 아래에 공간이 생기면 다른 손으로 케이크를 받쳐 **07**번 과정의 1호 케이크 위에 올립니다.

11. 233번 깍지의 리프그린 크림으로 **07**번 과정을 참고해 길게 풀을 짭니다. 두 개의 케이크가 만나는 부분에 적당히 풀을 짜서 자연스럽게 연결합니다.

12. 케이크에 올라갈 피규어를 깨끗이 소독하고, 나무 모양 케이크 픽을 준비합니다.

ⓉⒾⓅ '싱그러운 생화 케이크(p.88)'를 참고해 피규어를 소독한 다음, 식품용 알코올로 한 번 더 소독하면 안심하고 먹을 수 있어요.

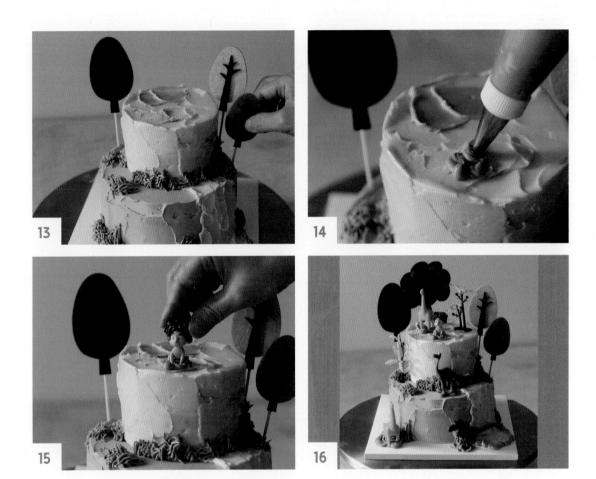

13. 나무 모양 케이크 픽을 원하는 위치에 꽂습니다. 케이크의 주인공이 공룡인 만큼 나무는 살짝 뒤쪽으로 꽂아 배경이 되도록 배치합니다.

14. 피규어를 올릴 곳에 8번 깍지의 리프그린 크림을 조금 짭니다.

15. 14번 과정에서 짠 크림 위에 피규어를 올리고 살짝 눌러 고정합니다.

16. 14번~15번 과정을 참고해 다양한 피규어를 원하는 곳에 배치하면 완성입니다.

해피데이 케이크

보라색 케이크에 노란색 크림, 빨간색 체리가 모여 쨍한 색감이 산뜻하게 느껴지는 해피데이 케이크예요. 각자의 색이 화려해서 모두의 시선을 한 번에 사로잡을 거예요. 케이크 위에서 방긋 웃고있는 귀여운 곰돌이가 행복한 하루를 만들어 줄 것 같지 않나요?

👑 **분량**
1호 케이크(지름 15cm)

📋 **보관 방법**
냉장 보관

🎂 **난이도**
★★★☆☆

아 이 싱 : 🍇 바이올렛(230g)

데커레이션 1 : 🥚 네온브라이트옐로(250g) = 171K번, 195K번, 3번

　　　　　　　⚪ 화이트(80g) = 2A번, 8번

　　　　　　　⚫ 콜블랙(10g) = 1번

　　　　　　　🍞 베이커즈로즈(15g) = 1번

데커레이션 2 : 화이트코팅초콜릿, 네온브라이트옐로 색소, 통조림 체리, 스프링클

🎂 미리 준비하기

• 원하는 종류의 제누와즈를 만들어 버터크림으로 애벌아이싱한 후 냉장 보관해 둡니다.

• 버터크림은 취향에 따라 이탈리안 버터크림과 크림치즈 크림 중 하나를 선택해 준비하고 각각 아이싱용과 데커레이션용으로 나눈 다음 용량별로 조색합니다.

• 짤주머니에 깍지를 끼워 조색한 크림을 담아 준비합니다.

• 8인치 스패츌러와 짤주머니, 핀셋을 준비합니다.

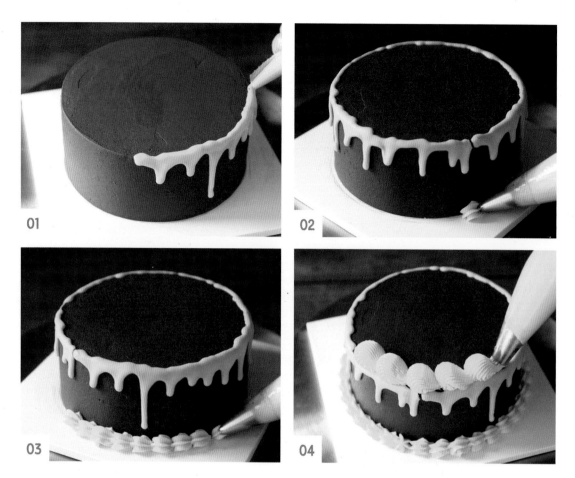

01. 애벌아이싱한 케이크를 바이올렛 크림으로 아이싱합니다. 그다음 화이트코팅초콜릿을 중탕으로 녹이고 네온브라이트옐로 색소를 넣어 섞은 뒤, 짤주머니에 담습니다. 짤주머니의 끝부분을 조금 자르고 케이크의 가장자리에 힘주어 짜면서 한 바퀴 돌려 흘러내리는 초콜릿 장식을 합니다.

02. 171K번 깍지의 네온브라이트옐로 크림으로 케이크의 하단에 쉘짜기합니다.

> **TIP 쉘짜기 :** 짤주머니를 30도 정도 기울인 다음 손에 힘을 주어 크림을 짜요. 크림이 동그랗게 나오면 반원을 그리듯 깍지를 살짝 들었다가 내리면서 힘을 빼 끝을 바닥에 닿게 해요. 같은 방법으로 연달아 모양을 만들어주세요.

03. 02번 과정을 참고해 쉘짜기로 케이크 하단을 둘러줍니다. 크림으로 케이크와 바닥이 만나는 지점을 가리면 훨씬 깔끔해져서 완성도를 높일 수 있습니다.

04. 195K번 깍지의 네온브라이트옐로 크림으로 케이크 윗면의 가장자리를 볼록한 쉘짜기로 장식해 초콜릿의 지저분한 부분을 가립니다.

> **TIP 볼록한 쉘짜기 :** 깍지를 30도 정도 기울인 다음 손을 움직이지 않은 상태에서 힘을 주어 크림을 볼록하게 짜요. 그다음 힘을 빼면서 짤주머니를 옆으로 움직여 꼬리를 만들면 돼요.

05. 04번 과정을 참고해 볼록한 쉘짜기로 케이크 윗면의 가장자리를 모두 채웁니다.

06. 2A번 깍지의 화이트 크림으로 케이크 윗면에 곰돌이 얼굴이 될 큰 동그라미를 짭니다.

07. 8번 깍지의 화이트 크림으로 큰 동그라미 위에 작은 동그라미 2개를 짜 곰돌이 귀를 만들고, 1번 깍지의
콜블랙 크림으로 곰돌이의 눈을 만듭니다.

08. 8번 깍지의 화이트 크림으로 눈 사이의 아래에 콧등을 동그랗게 짜서 입체감을 주고, 1번 깍지의 콜블랙
크림으로 코와 입을 그립니다.

09. 1번 깍지의 베이커즈로즈 크림으로 귀와 볼터치를 표현해 곰돌이의 얼굴을 생기있게 만듭니다.

10. 3번 깍지의 네온브라이트옐로 크림으로 곰돌이 얼굴을 피해 원하는 문구[oh happy day]를 레터링합니다.

11. 통조림 체리의 수분을 제거하고 핀셋을 사용해 05번 과정에서 짠 크림 위에 적당한 간격으로 올립니다.

12. 마지막으로 케이크 윗면에 알록달록한 스프링클을 뿌리면 완성입니다.

튤립 꽃다발 케이크

기념일에 케이크와 꽃은 빠져서는 안 되는 소품이죠. 매번 따로따로 준비했다면 이번에는 한 번에 준비해보세요. 케이크에 꽃을 짜 올리고 예쁘게 포장하면 꽃다발 케이크가 완성된답니다. 저는 튤립으로 만들었는데 취향에 따라 좋아하는 꽃을 짜서 올려도 좋아요.

👑 분량
미니 케이크(지름 12cm)

🗄 보관 방법
냉장 보관

🔪 난이도
★★★☆☆

아 이 싱 : 🔘 연한 네온브라이트옐로(230g)

데커레이션 1 : 🔴 슈퍼레드(200g) = 242번

　　　　　　⚪ 화이트(120g)

　　　　　　⚪ 연한 네온브라이트옐로(80g) = 171K번

　　　　　　🔵 리프그린(60g) = 352번

데커레이션 2 : 화이트 구슬 / 진주 모양 스프링클

🎂 미리 준비하기

- 원하는 종류의 제누와즈를 만들어 버터크림으로 애벌아이싱한 후 냉장 보관해 둡니다.
- 버터크림은 취향에 따라 이탈리안 버터크림과 크림치즈 크림 중 하나를 선택해 준비하고 각각 아이싱용과 데커레이션용으로 나눈 다음 용량별로 조색합니다.
- 짤주머니에 깍지를 끼워 조색한 버터크림을 담아 준비합니다.
- 8인치 스패츌러, 핀셋, 높은 무스띠(7cm), 테이프, 식품용 색화지, 리본끈을 준비합니다.

01. 애벌아이싱한 케이크를 연한 네온브라이트옐로 크림으로 아이싱합니다. 그다음 케이크 윗면에 242번 깍지의 슈퍼레드 크림으로 튤립짜기를 합니다.

    ⓣⓘⓟ **튤립짜기** : 깍지를 케이크 윗면과 직각으로 두고 1cm 정도 띄운 상태에서 크림을 짜요. 위로 3cm가량 크림을 짜면서 들어올리다가, 손에 힘을 빼고 살짝 옆으로 꺾으면서 짤주머니를 빼면 돼요.

02. 01번 과정의 튤립짜기를 참고해 케이크 윗면에 튤립을 짭니다. 가장자리는 비워 두고 가운데 위주로 채웁니다.

03. 02번 과정에서 채운 튤립 위에 다시 튤립짜기를 해 꽃을 풍성하게 만듭니다. 이때 아래쪽 꽃이 뭉개지지 않도록 주의하면서 살짝 어긋난 위치에 짜고, 아랫단보다는 적은 양의 꽃을 만듭니다.

04. 242번 깍지의 짤주머니에 들어있던 슈퍼레드 크림을 전부 다 짜내고 그 안에 화이트 크림을 넣습니다.

    ⓣⓘⓟ 슈퍼레드 크림이 들어있던 짤주머니에 화이트 크림을 넣으면 짤주머니에 묻어있던 슈퍼레드 크림이 화이트 크림과 자연스럽게 섞여요. 그래서 크림을 짰을 때 꽃 안쪽은 하얀색으로, 바깥쪽은 빨간색으로 나와 따로 조색하지 않아도 자연스럽고 예쁜 색의 꽃을 만들 수 있어요.

05. 04번 과정에서 만든 크림으로 케이크 윗면에 튤립을 짜서 채웁니다. 이때 케이크의 전반적인 형태가 동그란 돔이 되도록 꽃을 짭니다.

06. 171K번 깍지의 연한 네온브라이트옐로 크림으로 케이크 가장자리에 쉘짜기하여 빈곳을 채웁니다.

> *TIP* 쉘짜기 방법은 '해피데이 케이크(p.136)'의 **02**번 과정을 참고하세요.

07. 352번 깍지의 리프그린 크림으로 튤립 사이사이에 나뭇잎짜기로 초록색 잎을 만듭니다.

> *TIP* 나뭇잎짜기 방법은 '로즈 리스 케이크(p.94)'의 **08**번 과정을 참고하세요. 리프그린 크림 외에 연한 리프그린 크림으로도 나뭇잎을 만들면 한 가지 색으로 만들었을 때보다 훨씬 더 완성도를 높일 수 있어요.

08. 튤립 위에 화이트 구슬 스프링클과 진주 모양 스프링클을 올려 데커레이션하고 냉장실에 2시간 이상 넣어 크림을 굳힙니다.

09. 2시간 후 냉장실에 넣어둔 케이크를 꺼내 무스띠를 두르고 이음새를 테이프로 고정합니다.

10. 색화지를 케이크 높이보다 5~6cm 더 높은 사이즈로 4~5장 정도 재단해 준비합니다.

> *TIP* 색화지를 여러 장 준비하면 더욱 풍성한 꽃다발을 만들 수 있어요.

11. 꽃다발을 풍성하게 만들기 위해 색화지에 굴곡을 넣으며 주름을 잡아줍니다.

12. 케이크의 가장자리에 주름을 잡은 색화지를 두르고, 볼륨감이 생기도록 모양을 잡아줍니다. 그다음 리본을 묶어 고정하면 완성입니다.

달걀 한 판 케이크

서른 살 생일에 가장 센스있는 선물이 될 달걀 한 판 케이크입니다. 달걀들 사이에 빼꼼히 얼굴을 내민 병아리 세 마리가 너무 귀엽죠? 원형 깍지를 사용해서 달걀과 병아리 만드는 방법은 물론 일정한 크기로 달걀을 짜는 방법도 알려드릴게요.

👑 **분량**
1호 케이크(지름 15cm)

🗄 **보관 방법**
냉장 보관

📜 **난이도**
★★★☆☆

아　이　싱 : ⬤ 화이트(230g)

데커레이션 : ⬤ 화이트(150g) = 12번
　　　　　　⬤ 레몬옐로(70g) = 12번
　　　　　　⬤ 네이비블루(100g) = 30번
　　　　　　⬤ 콜블랙(30g) = 0번, 1번
　　　　　　⬤ 레드레드(40g) = 0번, 5번, 101번
　　　　　　⬤ 연한 레몬옐로(90g) = 12번

👑 미리 준비하기

- 원하는 종류의 제누와즈를 만들어 버터크림으로 애벌아이싱한 후 냉장 보관해 둡니다.
- 버터크림은 취향에 따라 이탈리안 버터크림과 크림치즈 크림 중 하나를 선택해 준비하고 각각 아이싱용과 데커레이션용으로 나눈 다음 용량별로 조색합니다.
- 짤주머니에 깍지를 끼워 조색한 크림을 담아 준비합니다.
- 8인치 스패츌러를 준비합니다.

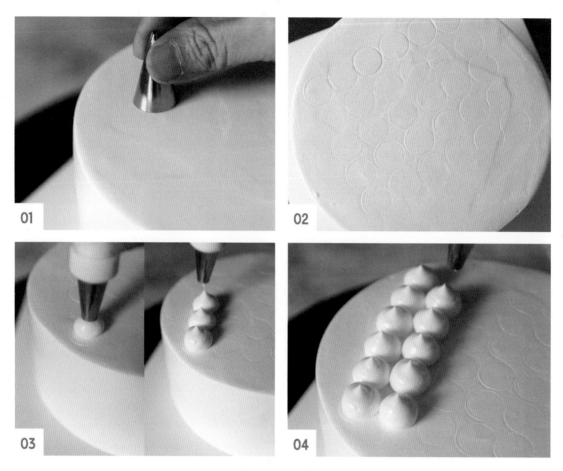

01. 애벌아이싱한 케이크를 화이트 크림으로 아이싱합니다. 그다음 케이크 윗면에 30번 깍지의 뒷부분으로 크림을 올릴 위치를 잡습니다.

> **(TIP)** 크림의 위치를 잡기 위한 깍지는 꼭 30번 깍지가 아니어도 돼요. 모든 소(小)자 사이즈의 깍지 뒷부분은 크기가 같으니 번호에 상관 없이 사용하세요.

02. 아래쪽에 레터링할 부분을 남기고 가로 6개, 세로 5개로 총 30개의 동그라미를 찍습니다. 미리 자리를 잡아두면 일정한 크기와 간격으로 크림을 짤 수 있습니다.

03. 12번 깍지의 화이트 크림으로 02번 과정의 깍지 자국에 맞춰 동그랗게 진주짜기를 합니다.

> **(TIP)** 진주짜기 방법은 '2단 촛불 케이크(p.100)'의 13번 과정을 참고하세요.

04. 진주짜기로 16개의 크림을 짭니다. 크기와 모양, 높이가 같도록 일정한 힘을 주는 것이 중요합니다.

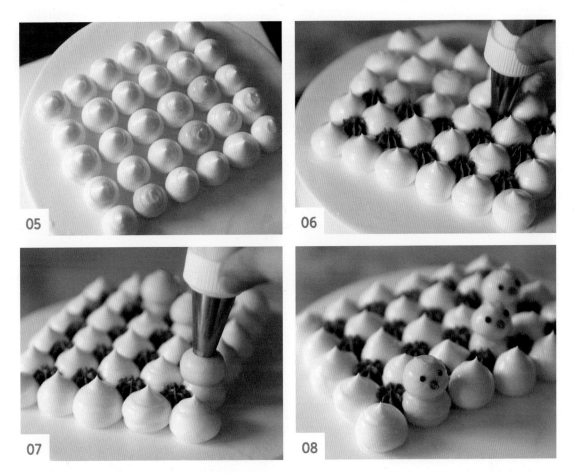

05. 17, 22, 26번째는 12번 깍지의 레몬옐로 크림으로 진주짜기하여 총 30개의 동그라미를 모두 짭니다. 여기서 하얀색 동그라미는 달걀이 되고, 노란색 동그라미는 병아리가 될 예정입니다.

(TIP) 책에서는 17, 22, 26번째에 레몬옐로 크림을 짰지만 원하는 위치가 있다면 변경해도 좋아요. 단, 레몬옐로 크림은 딱 세 개만 짜주세요.

06. 30번 깍지의 네이비블루 크림을 하얀색과 노란색 크림 사이사이에 짭니다. 짤주머니를 수직으로 들고 힘을 주어 크림을 짜다가 원하는 만큼의 크림이 나왔다면 손에 힘을 빼고 위로 들어올리면 됩니다.

07. 12번 깍지의 레몬옐로 크림으로 **05**번 과정에서 짠 노란색 크림 위에 한 번 더 진주짜기하여 병아리의 머리를 만듭니다.

08. 0번 깍지의 콜블랙 크림으로 병아리의 눈을, 0번 깍지의 레드레드 크림으로 병아리의 입을 만듭니다.

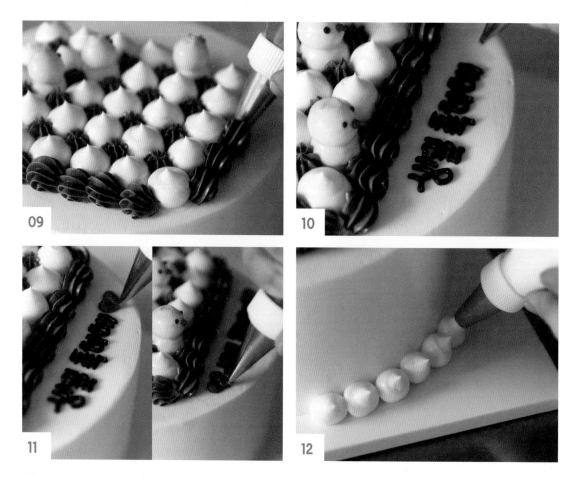

09. 30번 깍지의 네이비블루 크림으로 달걀 바깥쪽에 쉘짜기하여 달걀판의 테두리를 꾸며줍니다.

(TIP) 쉘짜기 방법은 '해피데이 케이크(p.136)'의 **02**번 과정을 참고하세요.

10. 1번 깍지의 콜블랙 크림으로 원하는 문구[생일 축하해]를 레터링합니다.

11. 5번 깍지의 레드레드 크림으로 레터링의 양옆에 하트짜기합니다.

(TIP) 하트짜기 방법은 '화이트하트 케이크(p.72)'의 **09**번 과정을 참고하세요.

12. 케이크의 아랫부분에는 12번 깍지의 연한 레몬옐로 크림으로 동그랗게 진주짜기하여 케이크와 하판의 경계면을 가려줍니다.

13. 101번 깍지의 레드레드 크림으로 달걀판 위에 띠를 두릅니다. 위쪽과 왼쪽의 달걀 한 줄 사이에 크림을 길게 짜 위쪽에서 교차시킵니다.

14. 빨간색 띠가 교차된 부분에 리본을 그리면 완성입니다.

토끼 조각 케이크

깜찍한 디자인에 취향저격 색감으로 나도 모르게 사진을 찍게 되는 토끼 조각 케이크예요. 홀 케이크로도, 조각 케이크로도 활용할 수 있어서 카페 사장님들이 좋아할 것 같아요. 따로 보아도 같이 보아도 귀여운 6조각 케이크를 만들어 봐요.

👑 **분량**
1호 케이크(지름 15cm)

🗂 **보관 방법**
냉장 보관

📐 **난이도**
★★★★☆

아   이   싱 : 🔵 연한 로즈핑크(230g)

데커레이션 1 : ⚪ 화이트(90g) = 12번, 8번, 5번, 6번

🔵 연한 로즈핑크(100g) = 2번, 363번

⚫ 레드레드(20g) = 1번

⚫ 콜블랙(5g) = 0번

🔵 골든옐로(30g) = 10번

🔵 네온브라이트그린(15g) = 1번

데커레이션 2 : 스프링클

🎂 미리 준비하기

• 원하는 종류의 제누와즈를 만들어 버터크림으로 애벌아이싱한 후 냉장 보관해 둡니다.

• 버터크림은 취향에 따라 이탈리안 버터크림과 크림치즈 크림 중 하나를 선택해 준비하고 각각 아이싱 용과 데커레이션용으로 나눈 다음 용량별로 조색합니다.

• 짤주머니에 깍지를 끼워 조색한 버터크림을 담아 준비합니다.

• 8인치 스패츌러, 미니 스패츌러를 준비합니다.

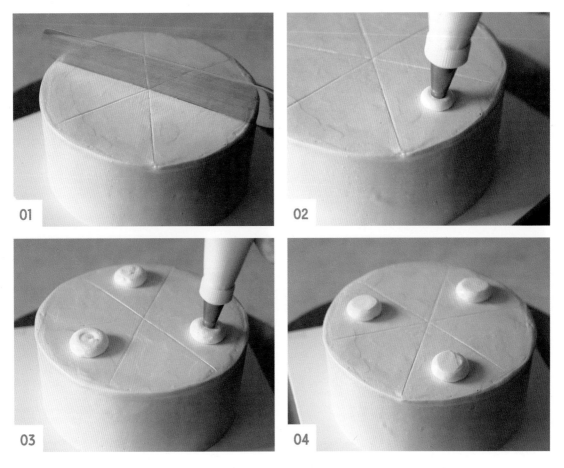

01. 애벌아이싱한 케이크를 연한 로즈핑크 크림으로 아이싱합니다. 그다음 8인치 스패츌러 날을 직각으로 세워 케이크 윗면을 6조각으로 살짝 나눕니다.

> 🅣🅘🅟 6조각으로 나눌 때는 먼저 케이크의 가운데에 반을 표시한 다음 중심선을 기준으로 X자를 그려 나눠주세요.

02. 12번 깍지의 화이트 크림으로 토끼의 얼굴을 만듭니다. 깍지를 케이크 윗면과 직각으로 두고 1cm 정도 위로 띄운 상태에서 크림을 동그랗고 볼록하게 짭니다. 이때 크림이 조각의 가운데에 위치하도록 합니다.

03. 한 조각을 건너뛰고 다음 조각에 02번 과정과 같은 방법으로 크림을 짭니다. 앞서 짠 크림의 양과 비슷하게 만들고 또다시 한 조각 건너뛰고 크림을 짜서 총 3조각에 동그랗고 볼록한 크림을 짭니다.

04. 미니 스패츌러를 사용해 하얀색 크림의 윗부분을 살짝 납작하게 정리합니다.

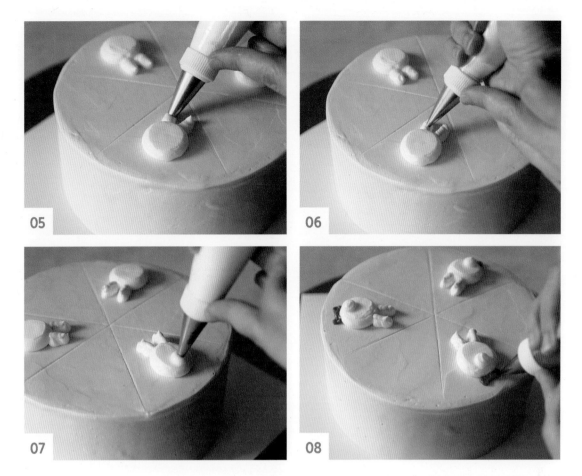

05. 8번 깍지의 화이트 크림으로 토끼의 귀를 만듭니다. 토끼의 귀가 케이크의 중앙을 향하도록 **04**번 과정의 크림 위쪽으로 길게 크림을 짭니다. 이때 크림의 굵기는 모두 동일하게 만듭니다.

🗨️ 지금부터 하는 모든 설명은 토끼 얼굴 세 개에 모두 만들어주세요.

06. 2번 깍지의 연한 로즈핑크 크림으로 **05**번 과정에서 짠 토끼 귀 위에 핑크색 라인을 그려 귀 안쪽을 표현합니다.

07. 5번 깍지의 화이트 크림으로 토끼의 콧등을 동그랗게 만듭니다.

08. 1번 깍지의 레드레드 크림으로 리본을 그립니다. 토끼의 얼굴 아래쪽에 삼각형 두 개를 그려 리본 형태로 만듭니다.

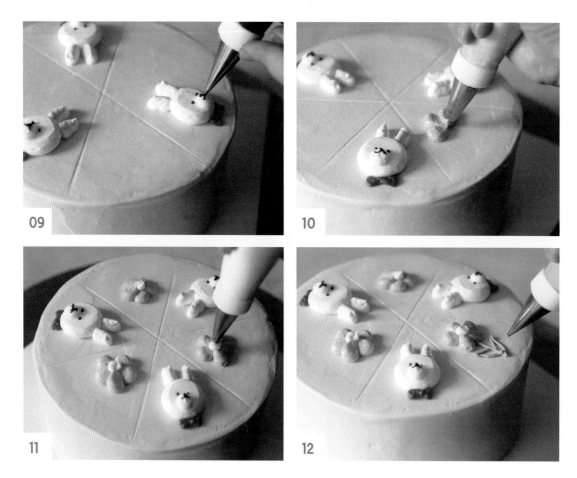

09. 0번 깍지의 콜블랙 크림으로 눈을 그리고, 07번 과정에서 그린 토끼의 콧등 위에 코와 입을 그려 토끼
얼굴을 완성합니다.

10. 토끼 사이사이의 빈 조각에는 10번 깍지의 골든옐로 크림으로 꽃을 만듭니다. 동그랗게 크림을 짜다가
꼬리를 가운데로 모아 다섯 장의 꽃잎을 만듭니다.

   (TIP) 지금부터 하는 모든 설명은 꽃 세 개에 모두 만들어주세요.

11. 다섯 장의 꽃잎 가운데에 6번 깍지의 화이트 크림으로 꽃의 수술을 동그랗게 짭니다.

12. 1번 깍지의 네온브라이트그린 크림으로 꽃의 줄기와 잎을 그립니다.

13. 363번 깍지의 연한 로즈핑크 크림으로 케이크 윗면의 가장자리에 쉘짜기를 합니다.

TIP 쉘짜기 방법은 '해피데이 케이크(p.136)'의 02번 과정을 참고하세요.

14. 가운데에 스프링클을 뿌려 장식하면 완성입니다.

Under the Sea, 인어 케이크

금방이라도 인어공주가 헤엄쳐 나올 것만 같은 인어 케이크예요. 슈가크래프트 반죽을 사용해서 입체감 풍부한 케이크를 만들어 보아요. 다양한 모양의 몰드만 있으면 세상 어디에도 없는 나만의 특별한 케이크를 만들 수 있어요.

분량
1호 케이크(지름 15cm)

보관 방법
냉장 보관

난이도
★★★★☆

아 이 싱 : 연한 스카이블루(200g)

네온브라이트블루(70g)

네온브라이트퍼플(20g)

데커레이션 1 : 인어꼬리, 소라, 불가사리, 조개 등 슈가크래프트 모형

데커레이션 2 : 자라메설탕

🎂 미리 준비하기

- 원하는 종류의 제누와즈를 만들어 버터크림으로 애벌아이싱한 후 냉장 보관해 둡니다.
- 버터크림은 취향에 따라 이탈리안 버터크림과 크림치즈 크림 중 하나를 선택해 준비하고 용량별로 나눈 다음 조색합니다.
- '바다'라는 주제에 맞는 몰드를 활용해 슈가크래프트로 모형을 만들어 둡니다.
- 8인치 스패츌러, 스크래퍼, 이쑤시개를 준비합니다.

01. 애벌아이싱한 케이크를 연한 스카이블루 크림으로 거칠게 아이싱합니다. 8인치 스패츌러로 크림을 듬뿍 뜬 다음, 날을 이용하여 케이크의 옆면에 바릅니다. 이때 옆면은 위쪽을 기준으로 3/4 지점까지만 바릅니다.

02. 같은 크림으로 이번에는 케이크의 윗면을 거칠게 아이싱합니다. 스패츌러로 크림을 듬뿍 뜬 다음, 윗부분의 3/4 정도의 면적에만 발라줍니다.

03. 네온브라이트블루 크림으로 01번 과정에서 비워둔 케이크 옆면의 아랫부분을 거칠게 바릅니다.

04. 같은 크림으로 02번 과정에서 비워둔 케이크 윗면도 바릅니다.

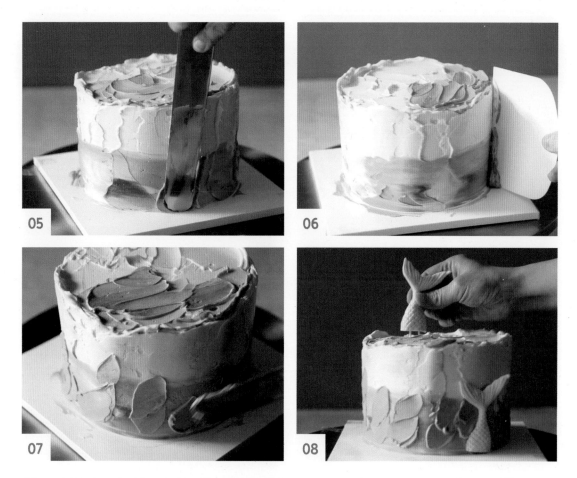

05. 스패츌러 끝에 네온브라이트퍼플 크림을 살짝 떠서 **03번~04번** 과정에서 바른 네온브라이트블루 크림 위에 조금씩 바릅니다.

06. 스크래퍼로 케이크의 옆면을 정리합니다. 스크래퍼를 케이크의 옆면에 붙이고 손의 힘을 최대한 뺀 상태 에서 돌림판을 돌려 거친 형태가 살짝 느껴지도록 가볍게 정리합니다.

07. 스패츌러 끝에 네온브라이트블루 크림을 묻혀 케이크 옆면에 랜덤으로 터치하여 물결을 표현합니다.

08. 미리 준비한 인어꼬리 모형으로 장식합니다. 인어꼬리 하나는 옆면에 붙이고, 다른 하나는 케이크 위에 꽂아 위치를 잡습니다.

（TIP） 케이크 위에 모형을 단단하게 올리려면 슈가크래프트 모형을 몰드에서 빼내자마자 이쑤시개를 꽂아 굳혀주세요. 이렇게 만들면 이쑤시개가 기둥 역할을 해서 케이크 위에 단단하게 고정돼요.

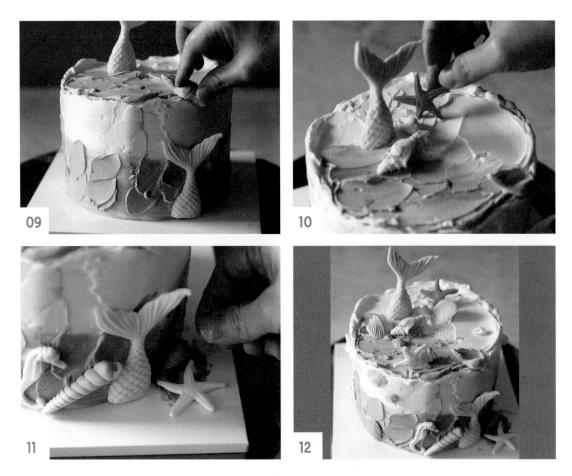

09. 소라 모형은 케이크의 가장자리에 붙여 자체의 형태를 자연스럽게 보여줍니다.

10. 붉은색 색소를 넣어 만든 불가사리는 크림에 꽂아 포인트를 줍니다.

11. 케이크 하판에 네온브라이트블루 크림을 조금 바르고 조개나 불가사리 모형을 올린 다음, 자라메설탕을 뿌려 장식합니다.

🄣ᴵᴾ 자라메설탕은 입자가 굵은 갈색 설탕으로 오븐의 열에 녹지 않아 독특한 식감을 내는 재료예요. 주로 다양한 디저트에 토핑으로 사용하며, 일반 설탕과는 다른 풍미를 느낄 수 있어요.

12. 바다 느낌을 살려주는 여러 가지 슈가크래프트 모형으로 케이크를 풍성하게 장식하면 완성입니다.

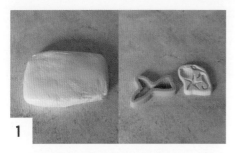

PART 1. 디자인 케이크 기초 – chapter 3. 슈가크 래프트 반죽 만들기(p.25)를 참고해 슈가크래프트 반죽을 만들고, 사용할 몰드도 준비합니다.

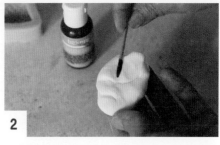

몰드를 채울 만큼 반죽을 떼어내고, 이쑤시개로 색소를 찍어 반죽에 묻힙니다.

TIP 이쑤시개를 사용해야 색소의 양을 조절할 수 있어요. 처음부터 색소를 많이 넣지 말고 조금씩 섞어 가면서 색을 만들어요.

손으로 반죽을 늘이고 접으면서 색소를 골고루 섞습니다.

조색한 반죽을 몰드에 넣어 꾹꾹 누릅니다. 이때 반죽이 몰드 바깥으로 튀어나오지 않도록 양을 조절합니다.

반죽을 몰드에서 조심스럽게 빼냅니다. 모양이 흐트러지지 않도록 조심합니다.

몰드에서 뺀 모형을 실온에서 2일~3일 정도 말려 단단하게 만들면 완성입니다.

TIP 케이크에 단단히 고정하려면 모형에 이쑤시개를 꽂아 말려요.

나이스샷! 홀인원 골프 케이크

건강도 인생도 모두 다 나이스샷 초록초록 잔디가 가득한 페어웨이와 귀여운 오리들이 떠 있는 해저드까지 조성되어 있는 골프 케이크예요. 홀인원을 기대하는 골퍼들에게 선물로 아주 딱이랍니다. 앞으로 모든 일이 잘 되기를 바라는 마음으로 만들어봐요. 그럼 모두 행운을 빌어요.

👑 **분량**
1호 케이크(지름 15cm)

🗄 **보관 방법**
냉장 보관

🎂 **난이도**
★★★★☆

아 이 싱 : 🩶 연한 리프그린(230g)

데 커 레 이 션 : 🩵 브라이트블루(20g)

　　　　　　　🩶 리프그린(100g) = 233번

　　　　　　　🩶 레몬옐로(50g) = 12번, 1번

　　　　　　　🖤 콜블랙(20g) = 0번, 1번

　　　　　　　🩶 레드레드(10g) = 0번, 2번

　　　　　　　🤍 화이트(30g) = 1번

　　　　　　　🩶 선셋오렌지(10g) = 1번

　　　　　　　🩶 로즈핑크(10g) = 1번

🎂 미리 준비하기

- 원하는 종류의 제누와즈를 만들어 버터크림으로 애벌아이싱한 후 냉장 보관해 둡니다.

- 버터크림은 취향에 따라 이탈리안 버터크림과 크림치즈 크림 중 하나를 선택해 준비하고 각각 아이싱용과 데커레이션용으로 나눈 다음 용량별로 조색합니다.

- 짤주머니에 깍지를 끼워 조색한 크림을 담아 준비합니다.

- 8인치 스패츌러와 미니 스패츌러, 이쑤시개 2개, 빨간색 색종이, 글루건을 준비합니다.

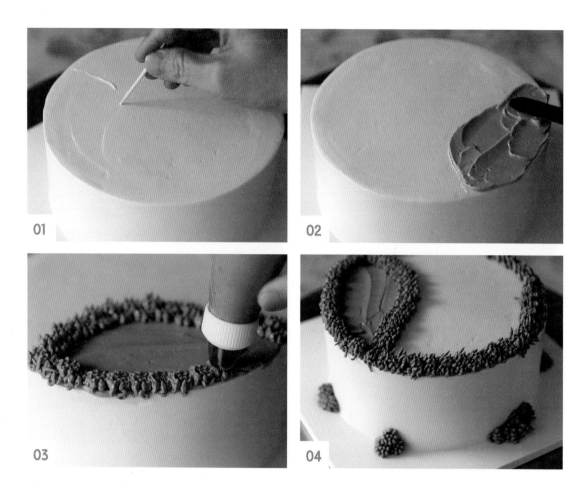

01. 애벌아이싱한 케이크를 연한 리프그린 크림으로 아이싱합니다. 그다음 이쑤시개를 사용해 해저드의 위치를 잡습니다.

02. 미니 스패츌러로 브라이트블루 크림을 떠서 **01**번 과정에서 표시한 해저드를 채웁니다. 스패츌러 끝에 힘을 주면서 살짝 자국을 남겨 물결 모양도 표현합니다.

     TIP 미니 스패츌러의 각도를 5도 정도 비스듬하게 열고 양쪽으로 왔다갔다 하며 크림을 펴주세요.

03. 233번 깍지의 리프그린 크림으로 해저드 주변에 잔디짜기를 합니다.

     TIP 잔디짜기 : 깍지를 케이크 윗면과 직각으로 두고 0.5cm 정도 위로 띄운 상태에서 크림을 짜요. 힘을 주어 크림을 짜면서 조금씩 올리다가 원하는 높이(1~1.5cm)가 되면 손에 힘을 빼고 짤주머니를 그대로 위로 들어올리면 돼요.

04. 같은 방법으로 케이크의 가장자리와 하단에도 잔디를 만듭니다.

     TIP 케이크와 케이크 하판이 만나는 부분에도 같은 방법으로 잔디를 만들어요. 띄엄띄엄 덤불의 느낌을 살리며 크림을 짜면 훨씬 자연스러워 보여요.

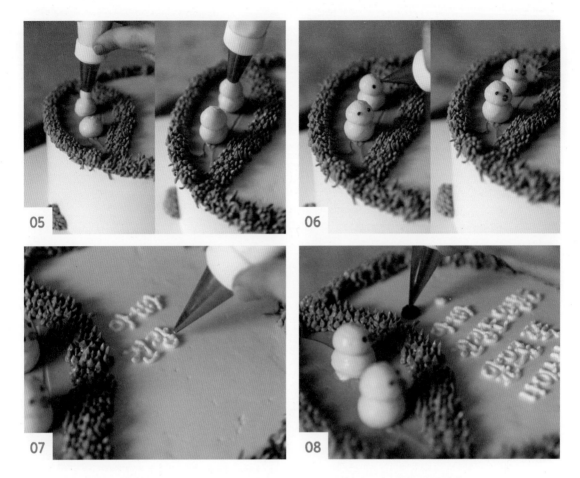

05. 12번 깍지의 레몬옐로 크림으로 해저드 위에 진주짜기하여 오리 두 마리를 만듭니다.

ⓉⒾⓅ 진주짜기 방법은 '2단 촛불 케이크(p.100)'의 **13번** 과정을 참고하세요.

06. 0번 깍지의 콜블랙 크림으로 오리의 눈을 만들고, 0번 깍지의 레드레드 크림으로 부리를 만듭니다.

ⓉⒾⓅ 오리는 '달걀 한 판 케이크(p.148)'를 참고해서 만들어요.

07. 1번 깍지의 화이트 크림으로 원하는 문구[아빠 건강도 인생도 앞으로 쭉 나이스샷]를 레터링합니다.

08. 1번 깍지의 화이트 크림으로 레터링 위의 빈 공간에 작은 동그라미를 짜 골프공을 만들고, 1번 깍지의 콜블랙 크림으로 골프공 옆에 조금 더 큰 동그라미를 짜 홀을 만듭니다.

09. 2번 깍지의 레드레드 크림으로 레터링 주변에 하트짜기를 합니다.

🅣🅘🅟 하트짜기 방법은 '화이트하트 케이크(p.72)'의 **09**번 과정을 참고하세요.

10. 1번 깍지의 화이트 크림으로 잔디 위에 꽃을 만듭니다. 작은 점 4개를 콕콕 찍어 꽃잎을 표현하고, 같은 방법으로 1번 깍지의 선셋오렌지 크림과 1번 깍지의 로즈핑크 크림으로도 꽃잎을 만듭니다.

🅣🅘🅟 꽃은 케이크 위의 잔디에만 만들지 말고 케이크 아래의 덤불과 옆면에도 만들어 장식해 주세요.

11. 1번 깍지의 레몬옐로 크림으로 **10**번 과정에서 만든 꽃잎 중앙을 콕 찍어 노란 수술을 만듭니다.

12. 마지막으로 빨간색 색종이를 삼각형으로 잘라 이쑤시개에 글루건으로 붙여서 깃발을 만든 다음, **08**번 과정에서 만든 홀 위에 꽂으면 완성입니다.

🅣🅘🅟 깃발은 시중에 판매하는 케이크 픽을 사용해도 좋아요.

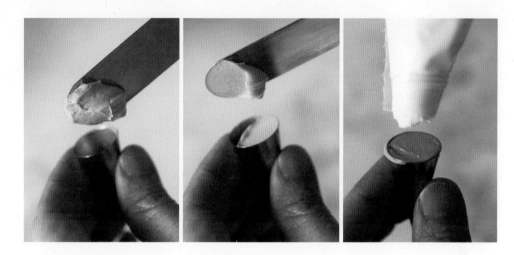

소량의 크림을 매번 새로운 짤주머니에 넣어 사용하는 게 사실 매우 번거롭기도 하고 짜기도 쉽지 않아요. 이럴 때는 원하는 색상의 크림을 미니 스패츌러의 끝부분으로 조금 떠서 필요한 깍지 안쪽을 채운 다음, 다른 크림이 담겨있는 짤주머니와 커플러로 연결해 끼워주세요. 이렇게 하면 깍지의 크림 색과 짤주머니의 크림 색은 다르지만, 짤주머니의 크림이 깍지 속의 크림을 밀어주어 소량의 크림도 편하게 짤 수 있어요.

안심Touch

지금까지는 어버이날에 부모님께 카네이션을 달아드렸다면, 이번에는 직접 만들어서 드리는 건 어때요? 부드러운 크림으로 만든 생화 같은 카네이션을 케이크 위에 가득 올려 특별한 케이크를 만들어 보세요. 직접 만들었다는 정성에 한 번, 예쁜 모양에 두 번 놀라실 거예요.

👑 **분량**
1호 케이크(지름 15cm)

📅 **보관 방법**
냉장 보관

🎂 **난이도**
★★★★★

아　이　싱 : 🌰 연한 조지아피치(100g) = 커플러
　　　　　　 ⚪ 화이트(150g)

데커레이션 1 : 🌰 네온브라이트그린(40g) = 1번
　　　　　　　　 🌰 연한 로즈핑크(50g) = 103번
　　　　　　　　 ⚪ 화이트(60g)
　　　　　　　　 ⚫ 레드레드(30g) = 4번

데커레이션 2 : 화이트 구슬 스프링클

👑 미리 준비하기

• 원하는 종류의 제누와즈를 만들어 버터크림으로 애벌아이싱한 후 냉장 보관해 둡니다.

• 버터크림은 취향에 따라 이탈리안 버터크림과 크림치즈 크림 중 하나를 선택해 준비하고 각각 아이싱용과 데커레이션용으로 나눈 다음 용량별로 조색합니다.

• 짤주머니에 깍지를 끼워 조색한 크림을 담아 준비합니다. 이때 103번 깍지는 크림을 담지 말고 짤주머니에만 끼워둡니다.

• 8인치 스패츌러와 미니 스패츌러, 스크래퍼를 준비합니다.

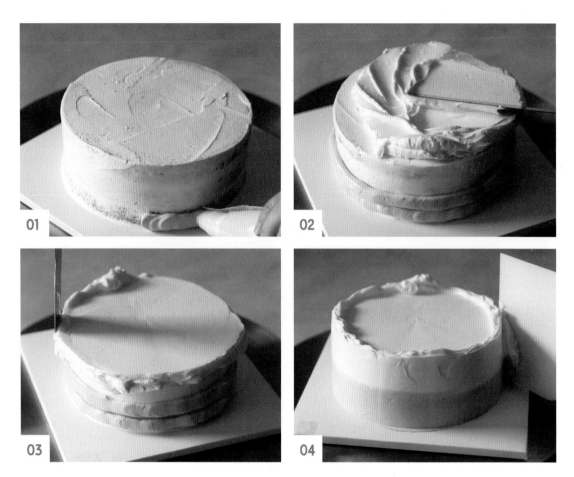

01. 커플러만 끼운 짤주머니에 연한 조지아피치 크림을 넣고 애벌아이싱한 케이크 옆면의 아래쪽에 크림을 짭니다. 하판에 커플러를 밀착시키고 돌림판을 돌리면서 두 줄을 짭니다.

02. 화이트 크림을 케이크 윗면에 퍼 올린 다음, 돌림판을 돌리면서 스패츌러의 양쪽 날을 이용해 크림을 펴줍니다. 스패츌러 끝부분을 케이크의 중심에 두고 날의 각도를 열었다 닫았다 하면서 윗면을 매끈하게 정리합니다.

(TIP) 윗면을 바르고 남은 크림으로 옆면의 윗부분을 아이싱할 예정이니, 크림을 넉넉히 올려 발라주세요.

03. 스패츌러를 수직으로 세운 다음, 윗면을 바르고 옆으로 튀어나온 크림으로 옆면의 윗부분을 바르며 정리합니다. 이때 스패츌러 날을 케이크에 너무 밀착하지 말고 **01**번 과정에서 짜놓은 크림과 두께를 비슷하게 맞추면서 정리합니다.

04. 스크래퍼를 케이크의 옆면에 붙이고 돌림판을 돌려 깔끔하게 정리합니다.

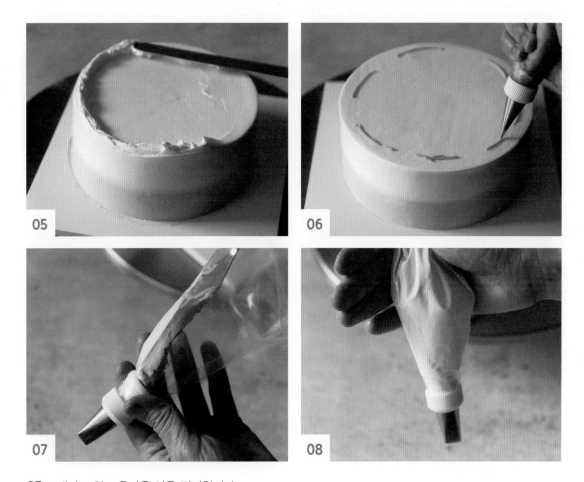

05. 케이크 위로 올라온 산을 정리합니다.

(TIP) 스패츌러 뒷날의 각을 열고 크림을 안쪽으로 끌고 오다가 케이크의 중심부에서 천천히 힘을 빼고 들어올리면서 윗면을 정리해요.

06. 1번 깍지의 네온브라이트그린 크림으로 줄기를 그립니다. 케이크 윗면 가장자리에서 안쪽으로 2~3cm 정도 들어간 지점에 듬성듬성 라인을 그립니다.

07. 103번 깍지를 끼운 짤주머니에 연한 로즈핑크 크림을 넣어줍니다. 이때 깍지의 끝을 확인하고 끝의 폭이 좁은 쪽에 미니 스패츌러를 이용해 크림을 세로로 길게 넣습니다.

(TIP) 103번 깍지의 끝은 길쭉한 물방울 모양이에요. 폭이 좁은 쪽은 카네이션 가장자리의 얇은 꽃잎을 표현하고, 폭이 넓은 쪽은 꽃의 중앙 수술 쪽에 위치해 모양을 잡을 거예요.

08. 07번 과정에서 크림을 넣고 남은 공간에 화이트 크림을 넣습니다. 깍지의 끝을 확인했을 때 끝의 폭이 넓은 쪽에 미니 스패츌러를 이용해 화이트 크림을 넣으면 됩니다.

(TIP) 하나의 깍지에 두 가지 색의 크림을 넣으면 자연스럽게 그러데이션 된 꽃을 만들 수 있어요.

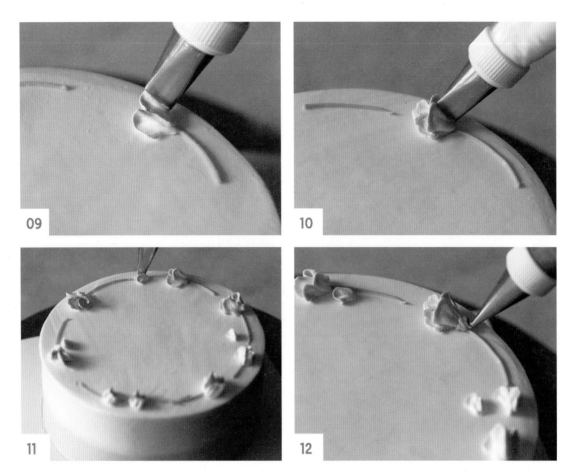

09. 06번 과정에서 그려둔 줄기 위쪽에 08번 과정에서 담은 연한 로즈핑크 + 화이트 크림으로 꽃잎을 만듭니다. 깍지의 넓은 쪽을 케이크 윗면에 살짝 붙이고, 작은 반원을 그리면서 크림을 짭니다. 같은 과정을 반복해 꽃잎 2장을 만듭니다.

> (TIP) 반원을 크게 그리면 큰 사이즈의 꽃잎을, 작게 그리면 작은 사이즈의 꽃잎을 만들 수 있어요. 꽃잎을 더욱 크게 만들고 싶다면 104번 깍지를 사용해도 좋아요.

10. 09번 과정에서 만든 꽃잎 2장을 감싸는 모양으로 다시 반원을 그려 꽃을 입체적으로 만듭니다.

11. 09번~10번 과정을 참고해 줄기 위에 카네이션을 여러 송이 만듭니다.

> (TIP) 꽃잎은 꼭 3장이 아니어도 괜찮아요. 1장 혹은 2장만 있어도 충분히 자연스럽고 예쁘니 원하는 개수로 만들어 보세요.

12. 1번 깍지의 네온브라이트그린 크림으로 카네이션 아래를 볼륨감 있게 짜서 꽃받침을 만듭니다.

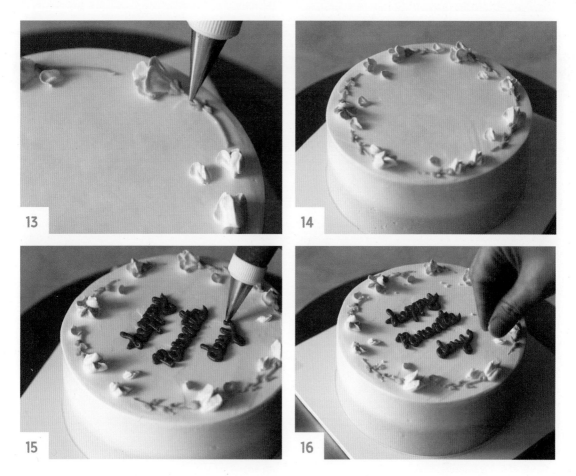

13. 줄기 주변에 짧은 선을 여러 개 그어 이파리를 표현합니다. 이때 짧은 선의 길이는 조금씩 다르게 짜서 자연스럽게 만듭니다.

14. 모든 줄기에 이파리를 만듭니다. 그다음 카네이션 사이사이에 작은 꽃잎을 추가로 더 짜서 케이크를 풍성하게 만듭니다.

15. 4번 깍지의 레드레드 크림으로 케이크 한가운데에 원하는 문구[happy Parents day]를 레터링합니다.

16. 마지막으로 케이크 윗면에 화이트 구슬 스프링클을 뿌려 장식하면 완성입니다.

감성 가득 뒷모습 케이크

사진 제공 장예환님

케이크 위에 사랑하는 사람의 모습을 그대로 옮겨보세요. 그림 솜씨가 없어도, 손재주가 없어도 괜찮아요. 누구나 쉽게 사진을 케이크 위로 옮길 수 있는 방법을 알려드릴게요. 책에서 소개한 이미지 외에 자신이 원하는 사진을 사용해 특별한 선물을 준비해보세요.

👑 분량
1호 케이크(지름 15cm)

🗒 보관 방법
냉장 보관

🎂 난이도
★★★★★

아 이 싱 : ○ 화이트(230g)

데커레이션 : ● 선셋오렌지(50g)　　　　　○ 화이트(150g) = 1번, 0번, 30번
　　　　　　● 골든옐로(50g)　　　　　● 버크아이브라운(20g) = 1번
　　　　　　● 스카이블루(30g)　　　　　● 레드레드(10g)
　　　　　　● 바이올렛(10g)　　　　　● 연한 조지아피치(30g) = 1번, 0번
　　　　　　● 연한 콜블랙(20g)　　　　　● 콜블랙(50g) = 16번

🎂 미리 준비하기

- 원하는 종류의 제누와즈를 만들어 버터크림으로 애벌아이싱한 후 냉장 보관해 둡니다.
- 버터크림은 취향에 따라 이탈리안 버터크림과 크림치즈 크림 중 하나를 선택해 준비하고 각각 아이싱용과 데커레이션용으로 나눈 다음 용량별로 조색합니다.
- 짤주머니에 깍지를 끼워 조색한 버터크림을 담아 준비합니다.
- 8인치 스패츌러와 미니 스패츌러, 끝부분이 뾰족한 미니 스패츌러, 사진, 식품용 유산지, 볼펜, 가위, 이쑤시개를 준비합니다.

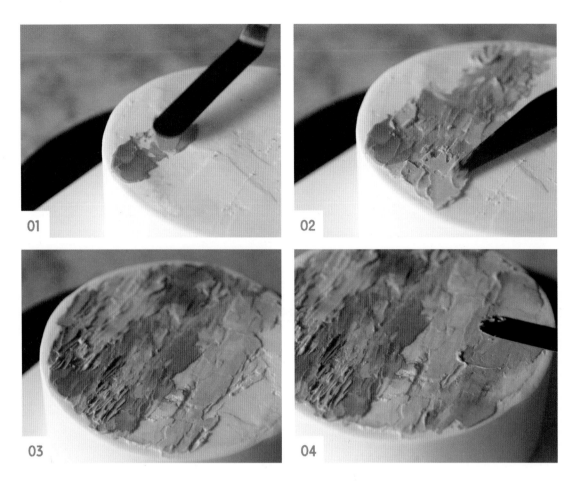

01. 애벌아이싱한 케이크를 화이트 크림으로 아이싱합니다. 그다음 미니 스패츌러 끝부분에 선셋오렌지 크림을 살짝 떠서 케이크 윗면에 얇게 바릅니다. 윗면을 전체적으로 바르는 것이 아니라 가운데 부분에만 드문드문 바릅니다.

02. 끝이 뾰족한 미니 스패츌러 끝부분에 골든옐로 크림을 살짝 떠서 01번 과정에서 바른 부분의 아래쪽에 자연스럽게 펼쳐 바릅니다. 이때 불규칙적이면서 거칠게 발라 거친 터치의 느낌을 살려줍니다.

03. 이번에는 01번 과정에서 바른 부분의 위쪽에 스카이블루와 바이올렛 크림을 바릅니다. 02번 과정에서 사용한 스패츌러를 사용해 가늘면서도 터치감 있게 발라 노을지는 풍경을 묘사합니다.

04. 02번 과정에서 바른 부분의 아래쪽에는 미니 스패츌러로 연한 콜블랙 크림을 넓게 바릅니다.

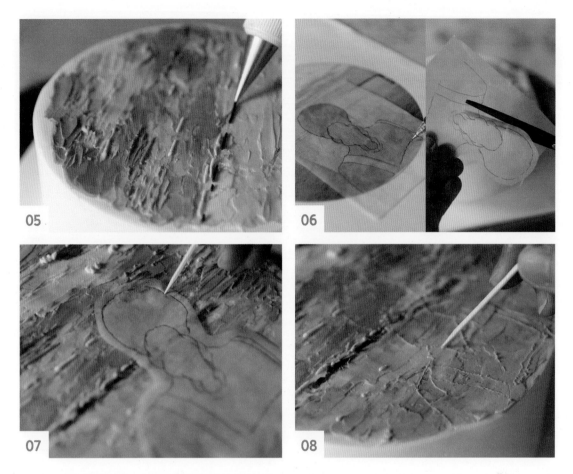

05. 1번 깍지의 화이트 크림과 1번 깍지의 버크아이브라운 크림으로 케이크의 중앙에 선을 그은 다음, 스패츌 러로 살짝 눌러 수평선과 섬을 묘사합니다. 그다음 냉장실에 3시간 이상 보관해 크림을 굳힙니다.

> (TIP) 과정에서는 따로 표현하지 않았지만 수평선 윗부분에 레드레드 크림을 살짝 덧발라 노을을 묘사하고, 1번 깍지의 화이트 크림을 둥 글게 짜 구름을 묘사하면 더욱 사실감 있게 표현할 수 있어요.

06. 그리고자 하는 사진 위에 식품용 유산지를 올리고 볼펜으로 인물의 형태를 단순하게 그린 다음 가장자 리를 가위로 잘라 정리합니다.

07. 05번 과정에서 냉장실에 넣어 차갑게 굳힌 케이크 위에 06번 과정에서 오려둔 유산지 그림을 올리고 이 쑤시개를 이용하여 유산지 그림의 라인을 따라 그립니다.

> (TIP) 케이크는 유산지에 크림이 묻지 않을 정도로 굳혀서 작업하세요.

08. 식품용 유산지를 떼어내고 그림의 라인을 확인한 후, 라인이 선명하지 않은 곳은 이쑤시개로 한 번 더 선명하게 그립니다.

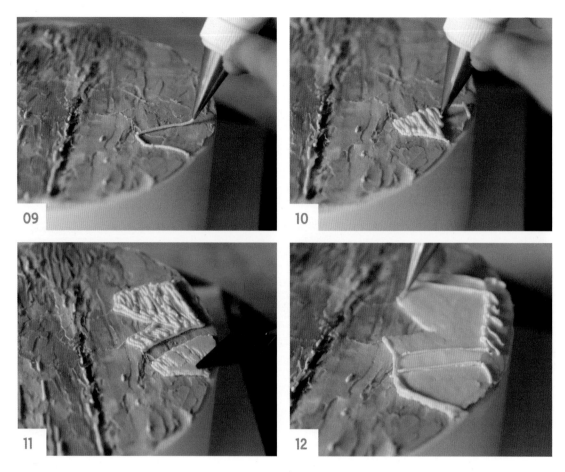

09. 1번 깍지의 연한 조지아피치 크림으로 인물의 등과 어깨 라인을 따라 그립니다.

10. 라인의 안쪽을 같은 깍지의 컬러 크림으로 빈틈없이 채웁니다.

11. 끝이 뾰족한 미니 스패츌러로 10번 과정의 크림 윗부분을 살살 문질러 평평하게 펼칩니다.

12. 1번 깍지의 화이트 크림으로 09번~11번 과정을 참고해 옷을 그립니다. 그다음 0번 깍지의 연한 조지아
피치 크림과 0번 깍지의 화이트 크림으로 라인을 한 번 더 그려 그림에 입체감을 줍니다.

13. 16번 깍지의 콜블랙 크림으로 머리카락을 만듭니다. 크림으로 머릿결을 살리면서 짜고, 묶은 머리를 표현할 때는 크림을 서로 겹치면서 짜서 자연스럽고 볼륨감 있게 표현합니다.

> (TIP) 깍지를 들어올렸다 내렸다 하면서 크림을 짜면 라인을 볼록하게 만들 수 있어요. 머리카락을 표현할 때는 직선으로 짜는 것보다 꽈배기 모양이 되도록 크림을 서로 교차하면서 짜는 것이 자연스러워요.

14. 1번 깍지의 버크아이브라운 크림으로 가방끈을 만듭니다. 작은 동그라미 여러 개를 이어 끈을 표현하고 중간에는 꽃 모양으로 포인트를 줍니다.

15. 30번 깍지의 화이트 크림으로 케이크의 가장자리를 장식합니다. 8자를 그리듯이 깍지를 돌려가며 케이크의 가장자리를 한 바퀴 돌려 꾸미면 완성입니다.

핑크하트 케이크

핑크빛의 화려한 컬러감이 돋보이는 핑크하트 케이크예요. 보기에는 무척 어려워 보이지만, 몇 가지 깍지짜기 방법만 익히면 설렘과 사랑스러움이 가득한 케이크를 만들 수 있어요.

👑 **분량**
1호 하트 케이크(지름 15cm)

📁 **보관 방법**
냉장 보관

🗄 **난이도**
★★★★★

아　이　싱 : 🌸 연한 로즈핑크(280g)

데커레이션 1 : 🌸 네온브라이트핑크(300g) = 195K번, 506번, 16번

⚪ 화이트(120g) = 125K번, 363번, 16번

🌸 레드레드(60g) = 14번, 4번

🌸 리프그린(30g) = 349번

데커레이션 2 : 화이트 구슬 스프링클

🎂 미리 준비하기

- 원하는 종류의 제누와즈를 만들어 버터크림으로 애벌아이싱한 후 냉장 보관해 둡니다.
- 버터크림은 취향에 따라 이탈리안 버터크림과 크림치즈 크림 중 하나를 선택해 준비하고 각각 아이싱용과 데커레이션용으로 나눈 다음 용량별로 조색합니다.
- 짤주머니에 깍지를 끼워 조색한 크림을 담아 준비합니다.
- 8인치 스패츌러를 준비합니다.

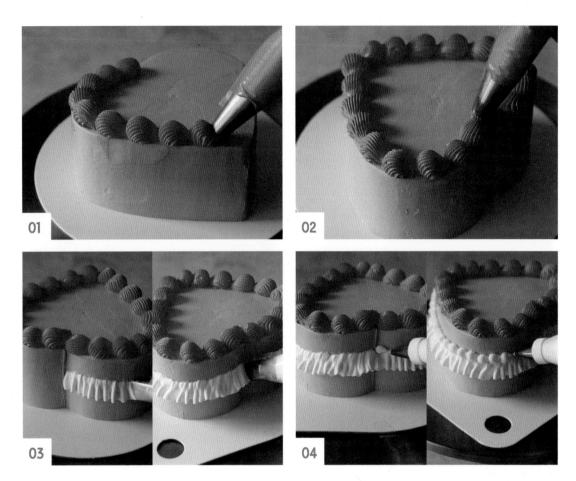

01. 애벌아이싱한 케이크를 연한 로즈핑크 크림으로 아이싱합니다. 그다음 195K번 깍지의 네온브라이트핑 크 크림으로 케이크 윗면의 가장자리를 따라 쉘짜기합니다.

🔴 **TIP** 쉘짜기 방법은 '해피데이 케이크(p.136)'의 02번 과정을 참고하세요.

02. 같은 방법으로 가장자리를 따라 끝까지 쉘짜기하여 하트 모양이 잘 드러나게 만듭니다.

03. 125K번 깍지의 화이트 크림으로 케이크의 옆면 중앙에 프릴을 만듭니다. 안으로 움푹 들어간 부분을 시 작점으로 프릴을 짜면서 같은 속도로 돌림판을 돌려 한 바퀴를 빙 둘러 짭니다.

🔴 **TIP** 프릴짜기 : 깍지 끝의 넓은 부분을 케이크 옆면에 살짝 박듯이 붙인 상태에서 손목을 조금씩 흔들면서 크림을 짜요. 그러면 깍지의 좁은 부분에서 자연스럽게 프릴이 만들어져요.

04. 363번 깍지의 화이트 크림으로 **03**번 과정에서 만든 프릴 위에 쉘짜기합니다. 프릴 위로 살짝 겹쳐서 경 계면을 가리듯이 한 바퀴를 빙 둘러 짭니다.

🔴 **TIP** 쉘은 볼록한 모양이 포인트이니 너무 납작해지지 않도록 동그란 모양을 살려서 짜주세요.

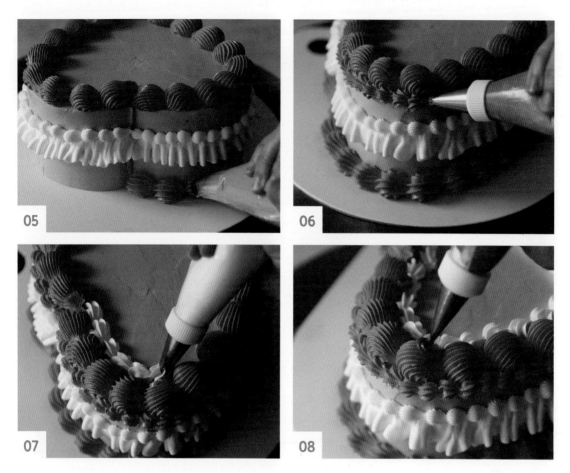

05. 506번 깍지의 네온브라이트핑크 크림으로 케이크 아래쪽과 하판이 만나는 부분에 쉘짜기합니다. 쉘을 짜는 속도에 맞춰 돌림판을 돌리며 한 바퀴를 빙 둘러 짭니다.

06. 16번 깍지의 네온브라이트핑크 크림으로 **02**번 과정에서 짠 쉘 바로 아래에 작은 크기의 쉘을 빙 둘러 짭니다.

07. 16번 깍지의 화이트 크림으로 **02**번 과정에서 짠 쉘 안쪽에 작은 크기의 쉘을 밀착하여 짭니다. 마찬가지로 한 바퀴를 빙 둘러 짭니다.

08. 14번 깍지의 레드레드 크림으로 케이크 위에 랜덤으로 작게 로즈짜기하여 포인트를 줍니다. 이때 가운데에는 레터링을 해야 하니 쉘 위에만 로즈를 만들고, **05**번 과정에서 짠 케이크 아랫부분의 쉘 위에도 로즈를 만듭니다.

(TIP) 로즈짜기 방법은 '로즈 리스 케이크(p.94)'를 참고하세요.

09. 349번 깍지의 리프그린 크림으로 로즈 옆에 나뭇잎짜기를 합니다.

🏷️ 나뭇잎짜기 방법은 '로즈 리스 케이크(p.94)'의 08번 과정을 참고하세요.

10. 4번 깍지의 레드레드 크림으로 원하는 문구[Love you]를 레터링합니다.

11. 마지막으로 케이크 윗면 쉘 위에 화이트 구슬 스프링클을 뿌려 장식하면 완성입니다.

화려한 순간,
샹들리에 케이크

여러 가지 깍지 기술이 필요한 샹들리에 케이크예요. 특별한 장식물 없이 깍지 기술로만 장식하여 단정하면서도 화려한 느낌의 케이크를 만들었어요. 깍지를 짜는 게 익숙하지 않아 처음에는 어려울 수 있지만, 꾸준히 연습하다 보면 화려한 케이크를 만들 수 있을 거예요.

♛ **분량**
1호 케이크(지름 15cm)

🗓 **보관 방법**
냉장 보관

🎂 **난이도**
★★★★★

아   이   싱 : 🔴 톤다운 조지아피치(230g)

데커레이션 1 : ⚪ 화이트(180g) = 104번, 363번, 16번, 1번

🔴 톤다운 조지아피치(300g) = 171K번

데커레이션 2 : 진주 모양 스프링클, 진주 모양 초콜릿

🎂 미리 준비하기

- 원하는 종류의 제누와즈를 만들어 버터크림으로 애벌아이싱한 후 냉장 보관해 둡니다.
- 버터크림은 취향에 따라 이탈리안 버터크림과 크림치즈 크림 중 하나를 선택해 준비하고 각각 아이싱 용과 데커레이션용으로 나눈 다음 용량별로 조색합니다.
- '톤다운 조지아피치'는 조지아피치 + 화이트 + 버크아이브라운 컬러를 섞어서 만듭니다. 이때 버크아이브라운은 이쑤시개 끝에 살짝 묻을 정도로 아주 소량만 사용합니다.
- 짤주머니에 깍지를 끼워 조색한 버터크림을 담아 준비합니다.
- 이쑤시개와 핀셋을 준비합니다.

안심Touch

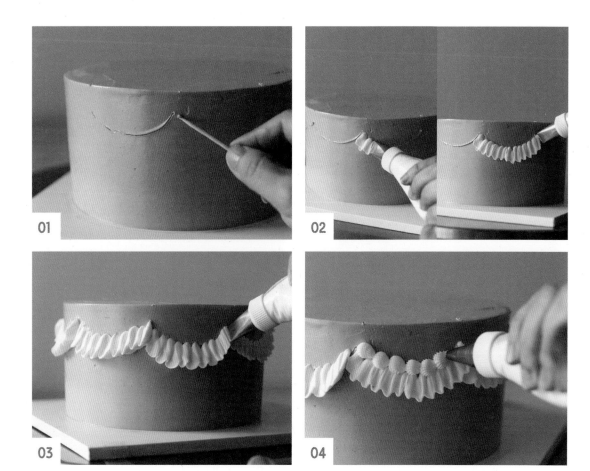

01. 애벌아이싱한 케이크를 톤다운 조지아피치 크림으로 아이싱합니다. 그다음 케이크 옆면에 이쑤시개를 사용해 프릴을 만들 가이드라인을 잡습니다. 1호 케이크의 경우 8개 정도가 적당합니다.

02. 104번 깍지의 화이트 크림으로 가이드라인에 맞춰 프릴을 짭니다.

TIP **프릴짜기 :** 104번 깍지의 끝을 보면 넓은 면과 좁은 면이 있는데 그중 넓은 면을 가이드라인의 시작점에 맞춰요. 그다음 손목을 케이크 옆면과 60도 정도로 열고 아래위로 조금씩 움직이면서 크림을 짜요. 이때 손을 빠르게 움직이면 프릴이 촘촘하게 생기고 천천히 움직이면 느슨하게 생겨요.

03. 02번 과정을 참고해서 8개의 가이드라인에 모두 프릴을 만듭니다. 가이드라인에서 많이 벗어나지 않으면서 같은 힘으로 짜야 잔잔하고 규칙적인 모양의 프릴을 만들 수 있습니다.

TIP 깍지의 넓은 면은 케이크에 살짝 붙인다는 느낌을, 좁은 면은 케이크에서 살짝 떨어진다는 느낌을 유지하면서 기울기에 신경 쓰며 크림을 짜면 생동감 있는 프릴을 만들 수 있어요.

04. 363번 깍지의 화이트 크림으로 프릴의 윗부분에 쉘짜기를 합니다. 이때, 프릴과 살짝 겹치게 짜서 지저분한 부분을 숨겨줍니다.

TIP 쉘짜기 방법은 '해피데이 케이크(p.136)'의 02번 과정을 참고하세요.

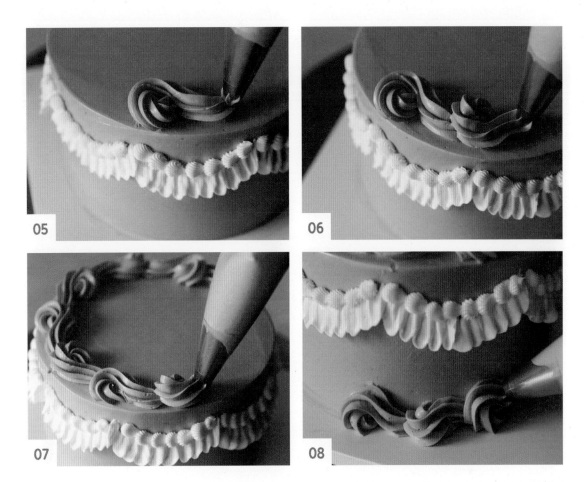

05. 171K번 깍지의 톤다운 조지아피치 크림으로 케이크 윗면 가장자리를 장식합니다. 깍지를 케이크 윗면에 직각으로 들고 시계 방향으로 동그라미를 그리다가 꼬리를 빼서 숫자 9 모양으로 만듭니다. 이때 꼬리는 끝을 조금 길게 빼줍니다.

06. 05번 과정과 연결해서 이번에는 숫자 9를 반대 방향으로 그립니다. 앞에서 길게 빼준 크림 끝부분에 반시계 방향으로 동그라미를 그리면서 숫자 9를 만들다가 마지막은 마찬가지로 길게 빼주면서 마무리 합니다.

07. 05번~06번 과정을 반복해서 케이크 윗면의 가장자리를 장식합니다.

08. 케이크와 하판이 만나는 경계 부분에도 05번~06번 과정을 반복해서 크림을 짭니다.

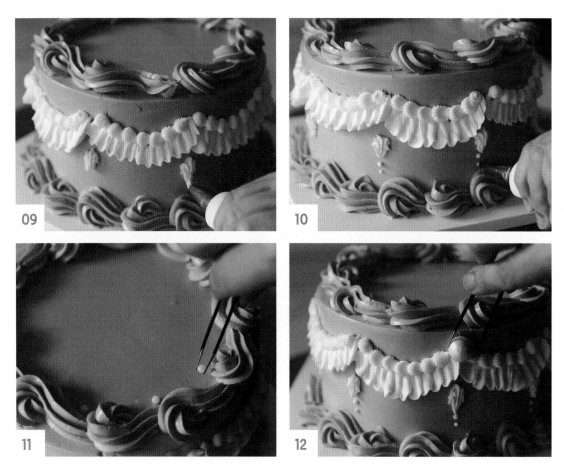

09. 16번 깍지의 화이트 크림으로 프릴과 프릴이 만나는 지점 아래에 위에서 아래 방향으로 물방울 모양의 크림을 짭니다.

10. 1번 깍지의 화이트 크림으로 09번 과정의 물방울 모양 크림 아래에 큰 점과 작은 점을 찍어 장식합니다. 위에는 큰 점을, 아래에는 작은 점을 찍어 균형감을 줍니다.

11. 핀셋을 사용해 진주 모양 스프링클로 케이크 윗면을 장식합니다. 숫자 9를 짠 크림 사이에 하나씩 올리면 됩니다.

12. 핀셋을 사용해 진주 모양 초콜릿으로 케이크 옆면을 장식합니다. 프릴과 프릴 사이에 하나씩 붙이면 완성입니다. 케이크 위에 화려한 모양의 초를 꽂으면 훨씬 더 완성도를 높일 수 있습니다.

소중한 순간을 담은 25가지 케이크

디자인 케이크

초 판 발 행 일	2022년 02월 10일
발 행 인	박영일
책 임 편 집	이해욱
저 자	조유선
편 집 진 행	강현아
표 지 디 자 인	김지수
편 집 디 자 인	신해니
발 행 처	시대인
공 급 처	(주)시대고시기획
출 판 등 록	제 10-1521호
주 소	서울시 마포구 큰우물로 75 [도화동 538 성지 B/D] 6F
전 화	1600-3600
팩 스	02-701-8823
홈 페 이 지	www.sidaegosi.com
I S B N	979-11-383-1606-4[13590]
정 가	16,000원

시대인은 종합교육그룹 (주)시대고시기획 · 시대교육의 단행본 브랜드입니다.